A informação na internet

Arquivos públicos brasileiros

ANNA CARLA ALMEIDA MARIZ

Copyright © 2012 Anna Carla Almeida Mariz

Direitos desta edição reservados à
EDITORA FGV
Rua Jornalista Orlando Dantas, 37
22231-010 | Rio de Janeiro, RJ | Brasil
Tels.: 0800-21-7777 | 21-3799-4427
Fax: 21-3799-4430
editora@fgv.br | pedidoseditora@fgv.br
www.fgv.br/editora

Impresso no Brasil | Printed in Brazil

Todos os direitos reservados. A reprodução não autorizada desta publicação, no todo ou em parte, constitui violação do copyright (Lei nº 9.610/98).

Os conceitos emitidos neste livro são de inteira responsabilidade do(s) autor(es).

1ª edição – 2012; 1ª reimpressão – 2014.

Preparação de originais: Laura Vianna Vasconcellos
Revisão: Eduardo Monteiro e Aleidis de Beltran
Projeto gráfico de capa: Letra e imagem
Projeto gráfico de miolo: Aline Carrer
Imagens da capa: a superior (cabos): © Sam. Gmbh & Co. Kg Peter Reiser | Dreamstime.com; a inferior (arquivo): © Ilya Malov | Dreamstime.com

Ficha catalográfica elaborada pela Biblioteca Mario Henrique Simonsen/FGV

    Mariz, Anna Carla Almeida
       A informação na internet: arquivos públicos brasileiros / Anna Carla Almeida Mariz. — Rio de Janeiro : Editora FGV, 2012.
    168 p.

       Inclui bibliografia.
       ISBN: 978-85-225-0928-7

       1. Informação arquivística. 2. Arquivologia. 3. Internet.
    I. Fundação Getulio Vargas. II. Título.

                                          CDD — 025.171

Para THALES, o melhor da vida, razão de tudo.

Para o meu pai, pela falta que me faz e por tudo o que representa.

Aos meus alunos: os que foram, os que são e os que serão um dia.

Agradecimentos

Desde os anos do doutorado até o momento da publicação deste livro, vários anos se passaram. Há muito a agradecer a todos que contribuíram com esse processo de forma direta ou indireta.

Muitas pessoas me ajudaram a cumprir a difícil etapa da tese, agradeço de forma especial:

- meus orientadores, Maria Nélida Gonzalez de Gómez, obrigada pela compreensão e generosidade e José Maria Jardim, que privilégio tão especial ser sua orientanda, obrigada por me mostrar o caminho;
- aos entrevistados das instituições, que me receberam com tanta disponibilidade; professores, funcionários e colegas de turma do curso no IBICT, convivência especial, que me proporcionou muito aprendizado e crescimento;
- aos professores Maria Tereza Reis Mendes (In memorian) e Luiz Otávio Ferreira Barreto Leite, auxílio luxuoso para as referências bibliográficas e a revisão.
- a Júlia e Gak, "pedra fundamental" de minha vida profissional, amizade que extrapola para as outras áreas da vida;
- a Icléia, minha orientadora do mestrado, pela amizade e pelo carinho, e porque orientador é para sempre;
- aos colegas de Unirio, sem vocês tudo seria muito difícil: Flávio Leal, Marcos Miranda, Márcia Valéria Brito, Otaviano, Rafael e Juliana, meus colegas do DEPA, cada um tem sua importância no meu caminho;
- a Paola, Marcelo e Cláudio, apoio fundamental, amizade e soluções para os problemas práticos da tese e da vida;
- a Eduardo, Zenith, Nadyr e Graciema, pelo carinho eterno e por me ajudarem a cuidar do meu bem mais precioso, o Thales, especialmente nestes momentos de ausência;
- a Maria Inés Tozatto, pelo apoio importante, principalmente na reta final, tão difícil.

Independente do tempo, durante todas as fases da vida, agradeço imensamente:

- a minha família que dá suporte em todos os sentidos. Sem eles não teria sido possível chegar até aqui;
- a minhas avós, Hermengarda e Iracema, meu avô Benedicto, minha tia Wanda pelo imenso amor e exemplo de vida;
- a meu pai, Luciano Augusto Almeida, por tudo que me ensinou e por estar presente sempre, me apoiando de forma incondicional e acredi-

tando em mim. Minha mãe, Diná Helena Lourenço Almeida, porque graças a ela eu estou sempre buscando me superar;

- a André, meu irmão querido, que sempre me incentivou e a quem muito admiro, e minha cunhada Lu, pela amizade e apoio sempre e nos momentos mais cruciais, e aos dois, por me darem a oportunidade maravilhosa de ser "titia" de Daniel e Lucas, que me enchem de alegria!

- a Eny e Henrique – dinda e dindo – tão presentes na minha formação e no meu crescimento, com quem posso contar a qualquer momento e para qualquer coisa: todo apoio e amor que pode existir no mundo. E Rico e Gê, sempre dispostos a colaborar.

- a minha prima Elaine Marcial, que me fez acreditar que era possível;

- a Jurema, que é a dona da minha casa, sobretudo nestes momentos de loucura;

- a Jéssica e Daniel por tudo: apoio em todos os momentos, companheirismo, muito amor.... é muito bom sermos família!

- a Adriana, prima querida, amizade especial e fundamental;

- a Thales porque sempre aturou e compreendeu minhas ausências, apesar de muitas vezes ser prejudicado, sempre me deu força e incentivo.

Depois da defesa da tese, na segunda etapa deste percurso, agradeço muito a: Ricardo Guaranys, primo que gentilmente me ajudou a fazer adaptações necessárias para transformar a tese em livro. Agradeço também a convivência com sua família querida e linda: Nina, Julia, Diana e Jonas.

Agradeço também aos alunos Aline Macedo Rodrigues, Bruno Ferreira Leite, Bruno Pinto Cavalcante, Fernanda Maria de Andrade Ferreira, Gleice da Silva Branco, Gleyce Gonçalves da Silva, Karina Veras Praxedes dos Santos, Mônica Guimarães Silva, Missury Almeida de Mello, Nalva dos Santos da Conceição, Priscila Novaes Silva, Regina Helena Sá de Almeida, Thais Cardoso Martins e Vanessa Leite Miranda, que colaboraram na coleta de dados na etapa de 2009.

Marilda, pela amizade, por torcer junto o tempo todo e pela infinita paciência e carinho que tem com todos.

Hebe de Moura, presença fundamental, motivo de tantas transformações!

Ricardo Cardoso, por tantos motivos: as excelentes ideias, as observações precisas e pertinentes, por tudo que me ensina sobre pesquisa, pelo apoio e estímulo sempre, por acreditar em mim e por todo companheirismo e amor.

Sumário

11 **Introdução**

17 **Transferência da informação arquivística**
17 Dos documentos de arquivo à informação arquivística
21 Transferência da informação
24 O acesso à informação na arquivística
29 Dos documentos de arquivo à transferência da informação arquivística

33 **As instituições arquivísticas**
40 Instituições arquivísticas públicas no Brasil
61 Instituições e informações arquivísticas na internet

75 **A internet e as redes de comunicação**
75 Redes: uma possível gênese conceitual
78 Redes eletrônicas
83 Internet no Brasil
85 Exclusão digital

89 **Interfaces dos arquivos públicos brasileiros com a internet**
89 Abordagens e procedimentos metodológicos
97 Análise das informações
129 Consulta às instituições arquivísticas
131 Entrevistas nas instituições arquivísticas do Rio de Janeiro

145 **Conclusões**

151 **Referências bibliográficas**

163 **Anexo A**
167 **Anexo B**

Introdução

Este livro[1] tem como objetivo analisar os processos de transferência da informação arquivística na internet. A opção se justifica pela realidade relativamente nova representada pelas tecnologias informacionais, que permitem uma mudança na forma de lidar com esse tipo de informação. Devem-se ainda acrescentar o fato de existirem poucas pesquisas voltadas para o tema, a importância de se formularem questões que possam contribuir para o desenvolvimento da arquivística e, especialmente, para a compreensão mais verticalizada de suas relações com o objeto do estudo da ciência da informação – a informação arquivística e os respectivos processos de transferência no ambiente da web.

A informação arquivística tem suas especificidades, relacionadas à definição de "documento de arquivo". Segundo Theodore Schellenberg (1974:18), os documentos de arquivo são:

> Todos os livros, papéis, mapas, fotografias ou outras espécies documentárias, independentemente de sua apresentação física ou características, expedidos ou recebidos por qualquer entidade pública ou privada no exercício de seus encargos legais ou em função das suas atividades, e preservados ou depositados para preservação por aquela entidade ou por seus legítimos sucessores como prova de suas funções, sua política, decisões, métodos, operações ou outras atividades, ou em virtude do valor informativo dos dados neles contidos.

Portanto, o que determina se um documento é ou não um documento de arquivo não é o suporte, o conteúdo, a espécie ou a data de sua produção, mas a forma como foi criado e o objetivo em pauta. Antonia Heredia Herrera (1993:89) assim define arquivo:

> Arquivo é um ou mais conjuntos de documentos, seja qual for sua data, sua forma e suporte físico, acumulados em um processo natural por uma pessoa ou instituição pública ou privada no transcurso de sua gestão, conservado, respeitando aquela ordem, para servir como

---

[1] Este livro é uma adaptação da tese de doutorado em ciência da informação, defendida no Programa de Pós-Graduação em Ciência da Informação, Instituto Brasileiro de Informação em Ciência e Tecnologia (Ibict), Universidade Federal do Rio de Janeiro (UFRJ).

testemunho e informação para a pessoa ou instituição que os produz, para os cidadãos ou para servir de fontes de história.

Segundo Jenkinson, arquivo é o "conjunto de documentos de qualquer natureza, de qualquer instituição ou pessoa, reunido automática e organicamente, em virtude de suas funções e atividades" (apud Heredia Herrera, 1993:91). Está sempre presente na definição a ideia de conjunto documental produzido durante e em decorrência de uma atividade – e isso significa que sua origem e seu acúmulo não acontecem de forma aleatória. Ter sido criado ou recebido em função de uma atividade indica ser um documento de arquivo, e especificamente de determinado arquivo, constituindo um conjunto orgânico que reflete os atos dos órgãos produtores da documentação no exercício de suas funções.

A informação arquivística seria, portanto, aquela contida nos documentos que integram os arquivos, os quais possuem características próprias e delimitadas. O que define um documento arquivístico não é somente o fato de ser produzido e recebido em função das atividades de um órgão ou pessoa física, mas também a relação orgânica que ele mantém com os outros documentos do acervo.

Como esclarece José Maria Jardim (1998:245):

> Sem dúvida, a memória é uma dimensão inerente ao campo arquivístico, mas os arquivos não são apenas *lugares de memória*. [...] A memória no espaço arquivístico só é ativada, porém, se em tais *lugares de memória* forem gerenciados também *lugares de informação*, onde esta não é apenas ordenada, mas também transferida. Se a memória não é neutra, muito menos a informação. É como lugares de informação – espaços (às vezes virtuais) caracterizados pelo fluxo informacional – que os arquivos se configuram hoje, provocando redimensionamentos na arquivologia. Estes [...] colidem frontalmente com uma arquivologia entendida como uma *disciplina auxiliar* da história. Nesse caso, este arquivista encontraria na história, e não na arquivologia, seu *corpus* teórico. A arquivologia seria, quando muito, um método [grifos do autor].

Entende-se, pois, que a informação arquivística, também chamada informação registrada orgânica, se refere a documentos produzidos por um organismo (indivíduo ou instituição) em decorrência de suas atividades ao longo de sua existência.

Introdução

A ciência da informação como território interdisciplinar vem favorecendo, nas últimas décadas, as reflexões em torno dos aspectos aqui abordados, que dizem respeito à informação arquivística, considerando suas especificidades. Na articulação com a ciência da informação, a arquivística ganha nova dimensão, dinamizando seu campo epistemológico e suas práticas de ação. Para ambas, importa analisar a transferência da informação, em particular num meio emergente, como é o caso da internet, que implica tão significativas mudanças relacionadas às teorias e práticas informacionais.

Segundo Manuel Castells, a internet constitui a base material e tecnológica da sociedade em rede, um meio de comunicação, interação e organização social (2003:286 e 255). Como tal, pode trazer vantagens para as instituições arquivísticas que dela lançam mão. Esse dispositivo tecnológico contribui para o aumento do número de usuários, proporciona maior visibilidade institucional e pode, ainda, promover o reconhecimento das instituições que sustentam os diferentes níveis da esfera administrativa, a democracia e o próprio funcionamento do Estado.

Respeitando e reconhecendo suas características, as instituições terão de se renovar, adequando sua missão à nova realidade: a da era das redes. Sob esse aspecto, os desafios se apresentam para a área, suscitando novas estratégias de apropriação do espaço aberto por esses dispositivos. Quais as implicações disso para a arquivística, no que se refere às suas práticas teórico-metodológicas e às estratégias de transferência da informação?

> A produção e a gestão de um website passam, neste contexto, a ser uma das estratégias potencialmente mais eficazes de difusão dos arquivos. O website de uma instituição arquivística é um instrumento de prestação de serviços dinâmico e atualizável. Um website deste tipo é, antes de tudo, um *serviço de informação*. Conceber e gerenciar o website do arquivo como *serviço de informação* significa abordá-lo como um *espaço virtual* que favoreça, a distintos tipos de usos e usuários, o acesso às informações sobre a instituição, sobre seus serviços, sobre seus acervos, sobre as diversas formas de acesso etc. [Jardim, 2002:4; grifos do autor].

Cumpre, portanto, analisar os diversos aspectos que envolvem os processos de transferência da informação procedentes das instituições arquivísticas brasileiras no ambiente da internet. Este é um tema ainda pouco abordado, e seu interesse reside na importância do debate desses processos, tendo sobretudo a internet como cenário. A utilização de ferramentas teórico-metodológicas da ciência da informação no campo de estudos da arquivística pode contribuir para o desenvolvimento tanto das práticas dessa disciplina – pesquisa, ensino e extensão – quanto da própria ciência da informação, com a qual a arquivística dialoga.

A internet é um recurso de grande potencial para as instituições arquivísticas ampliarem os serviços prestados a seus usuários, e, consequentemente, sua atuação e visibilidade. Algumas das mudanças advindas do uso da internet serão aqui problematizadas a partir do referencial propriamente arquivístico.

A transformação que a internet impõe à transferência da informação arquivística permite maior possibilidade de acesso por parte dos usuários, bem como maior visibilidade institucional e social da instituição arquivística, que pode vir a reposicionar-se como espaço público de acesso e legitimação. Porém, implica também novos desafios na gestão das informações em arquivo.

Para Jardim (2002:4),

> planejar, criar e gerenciar um website para uma instituição arquivística significa oferecer total ou parcialmente serviços que já existem. Além disso, pela própria dinâmica do meio internet, é possível criar outros serviços que provavelmente não são familiares ao cotidiano das instituições arquivísticas.

A internet, a despeito de todos os seus problemas e limites, amplia as possibilidades de transferência da informação arquivística. Nesse sentido, importa verificar em que medida tem sido explorada como serviço de informação e até que ponto as instituições arquivísticas estão utilizando esse dispositivo apenas como "*folder* institucional", limitando-se a expor dados.

A ciência da informação irá favorecer (e poderá ser favorecida com) estudos que coloquem em discussão os impactos que as redes e sistemas de informação virtual vêm causando nas áreas com as quais faz fronteira, sendo a arquivologia uma delas. O enquadramento de acervos arquivísticos no âmbito da internet exigirá, por parte do campo arquivístico, a incorporação de novos princípios conexos com as transformações ocorridas nos processos de produção, gestão e difusão da informação. O contexto de virtualização do documento arquivístico requer, ainda, que as instâncias governamentais e não governamentais busquem o desenvolvimento e a implantação de políticas de informação que, ao mesmo tempo, viabilizem um maior uso dos novos suportes documentais digitalizados e facilitem o acesso à informação.

A inserção dos conjuntos arquivísticos nas redes eletrônicas suscita questões referentes à materialidade e ao conteúdo dos documentos. Estes não se reduzem a seu aspecto material, embora ele se mostre – por princípios sociais, legais e subjetivos – fundamental na realidade atual. Além do enfrentamento das questões referentes à digitalização, faz-se necessária toda uma nova ordenação jurídica, bem como uma reformulação nos quadros sociais, de forma a viabilizar essa inserção.

Assim, apesar dos problemas e limites, a internet favorece a transferência da informação arquivística. A disponibilização dos documentos na rede redefine os horizontes de acesso à informação, ampliando, por outro lado, os direitos civis e políticos do cidadão, além de permitir a maior efetividade governamental.

Jardim, em pesquisa realizada em junho de 1999, identificou 13 instituições arquivísticas públicas na internet; em pesquisa semelhante efetuada no período de julho de 1996, contabilizou apenas três. Apesar de existirem poucas instituições arquivísticas públicas na rede, observou-se um aumento de cerca de 300% em três anos (1999a:12). O autor chama a atenção para a importância de se ampliar a disponibilidade de informações arquivísticas na internet, além de sublinhar a necessidade de otimização do recurso já utilizado.

Com o propósito de atingir os objetivos da pesquisa aqui apresentada, para além do levantamento da bibliografia referente ao quadro teórico sobre o tema, realizou-se uma abordagem empírica, analisando as estruturas de transferência da informação arquivística na internet e tendo como foco os sites de instituições arquivísticas públicas brasileiras. Além do estudo na web, foram realizadas entrevistas com profissionais das instituições arquivísticas e consultas aos sites por meio de correio eletrônico. Este livro está estruturado em quatro capítulos. No primeiro, discutem-se os conceitos de arquivo, informação, informação arquivística, transferência da informação, acesso. O segundo trata das instituições arquivísticas identificadas e selecionadas como campo de análise, esclarecendo-se seu histórico e elucidando o que são, a situação brasileira e sua relação com a internet. O terceiro capítulo compreende uma análise dos conceitos de rede, rede de informação e internet. No quarto, são apresentados os resultados da pesquisa teórico-empírica.

1. Transferência da informação arquivística

Antes de analisar os documentos de arquivo, suas especificidades e a informação arquivística, a informação e os aspectos relacionados à sua transferência, é preciso abordar alguns conceitos que servem de referencial para a pesquisa aqui empreendida. O acesso arquivístico é outro aspecto em debate; finalmente, analisa-se a transferência da informação arquivística e os aspectos a ela relacionados.

Dos documentos de arquivo à informação arquivística

Os materiais arquivísticos são registros documentais, como assevera Luciana Duranti, que chama a atenção para o caráter único que eles têm. Sobre a atuação dos arquivos a autora discorre:

> Através dos milênios, os arquivos têm representado, alternada e cumulativamente, os arsenais da administração, do direito, da história, da cultura e da informação. A razão pela qual eles puderam servir a tantas finalidades é que os materiais arquivísticos, ou registros documentais, representam um tipo de conhecimento único: gerados ou recebidos no curso das atividades pessoais ou institucionais, como seus instrumentos e subprodutos, [...] são as provas primordiais para as suposições ou conclusões relativas a essas atividades e às situações que elas contribuíram para criar, eliminar, manter ou modificar. A partir dessas provas, intenções, ações, transações e fatos podem ser comparados, analisados e avaliados, e seu sentido histórico pode ser estabelecido.
>
> Essa capacidade dos registros documentais de capturar os fatos, suas causas e consequências, e de preservar e estender no tempo a memória e a evidência desses fatos, deriva da relação espacial entre os documentos e a atividade da qual eles resultam [1994:50].[2]

A relação que os documentos mantêm entre si no interior do conjunto arquivístico forma uma unidade essencial, pois um documento isolado não propiciaria uma visão integral das atividades do órgão

---

[2] Nesse texto, *record* é traduzido como "registro documental"; contudo, a tradução mais adequada seria "documento arquivístico".

e/ou pessoa física. O princípio de relação orgânica que permeia o acervo faz com que cada documento seja absolutamente singular.

Os registros documentais que compreendem os conjuntos arquivísticos independem de seu suporte e são constituídos desde o mais tradicional documento textual em suporte papel e documentos audiovisuais – fotografias (imagens estáticas), discos (registros sonoros), filmes (imagens em movimento conjugadas ou não a trilhas sonoras) – até documentos em meio digital.

Embora considere o documento um testemunho escrito para a construção da história, Charles Samaran (apud Le Goff, 1996a) entende que se deve ampliar essa noção. O autor cita os fundadores da revista *Annales d'Histoire Économique et Sociale* (1929), pioneiros de uma história nova, que afirmavam que a história se faz com documentos escritos, quando eles existem. Mas deve ser feita sem eles, quando não existem, "com tudo o que, pertencendo ao homem, depende do homem, serve ao homem, exprime o homem, demonstra a presença, a atividade, os gostos e as maneiras de ser do homem". Na mesma linha de argumentação, Samaran complementa a afirmação comentada ("Não há história sem documentos"): "Há que tomar a palavra 'documento' no sentido mais amplo, documento escrito, ilustrado, transmitido pelo som, a imagem, ou de qualquer outra maneira" (apud Le Goff, 1996a:540).

Essas observações estão diretamente relacionadas ao conceito de arquivo tal como defendido por Duranti: o conjunto de documentos produzidos e recebidos por um órgão ou instituição em decorrência de suas *atividades, independentemente do suporte*, acumulados para fins de prova e de informação.

Jacques Le Goff considera que a ampliação do termo documento foi apenas uma etapa para a explosão do documento que se passou a produzir a partir dos anos 1960, e que levou a uma revolução documental. Concordando com a visão de Pierre Nora, ele sugere que o interesse da memória coletiva e da história não se limita mais a grandes homens e acontecimentos, mas passa a dirigir-se a todos os homens. A proposta de dilatação da memória histórica era possível porque acompanhava a revolução tecnológica materializada pelo computador. Le Goff observa, ainda, que da confluência das duas revoluções nasceu a história quantitativa, e que esta altera o status do documento, já que passa a valorizar a relação com a série em que se inclui, a qual ele chama de valor relativo (1996a:541). Este "valor relativo" encontra paralelo num importante princípio para a arquivologia, o da relação orgânica dos documentos, que determina a importância do documento inserido no conjunto do qual faz parte, em seu contexto de origem, bem como a importância desse conjunto em relação a ele.

A evolução tecnológica é um fator que teve impacto significativo em vários aspectos da "vida" dos arquivos, como, por exemplo, a mudança de ênfase do suporte dos documentos para o conteúdo e a informação neles contida.

Na década de 1980, surgiram "os defensores de uma nova corrente que encontra na informação arquivística uma individualidade própria, articulada com um modelo teórico preciso – é a defesa da arquivística como ciência da informação" (Silva, 1999:156). Segundo os autores, Richard Berner, David Bearman e Richard Lytle preocuparam-se com a revalorização do princípio da proveniência. Destaque-se que Bearman e Lytle defenderam também a importância do controle de autoridade[3] para deixar claras as relações de dependência, e não apenas a visão hierárquica entre as unidades administrativas. "Essa perspectiva valoriza a informação arquivística não relativamente ao seu conteúdo, mas sim ao contexto da sua produção, ou seja, a sua proveniência." Estas eram posições inovadoras na época (década de 1980), pois esses autores foram os primeiros a abordar os problemas de controle de autoridade nos arquivos (Silva et al., 1999:159, 167-8).

A valorização da proveniência preserva a identidade da informação arquivística no mundo dos documentos eletrônicos, porque a informação desligada do suporte físico passa a ser descontextualizada e tratada apenas pelo seu conteúdo, o que não faz sentido em termos arquivísticos, em que o contexto da produção é um elemento fundamental. A importância do documento em seu conjunto e do seu contexto de produção determina a diferença entre informação e informação arquivística. Embora esse termo ainda

---

3 Controle de termos normalizados, incluindo nomes próprios (de pessoas físicas ou jurídicas, e geográficos), utilizados como pontos de acesso. Podem ser padronizados com o uso da Isaar CPF (norma internacional de registro de autoridade arquivística para entidades coletivas, pessoas e famílias).

não fosse consenso na área, a especificidade da informação encontrada nos acervos arquivísticos sempre foi valorizada.

Na visão de Ana Maria Camargo (apud Bellotto, 2002:167):

> A arquivística é marcada pela transversalidade de seu objeto: que não são os documentos de um modo geral, mas os que justificam sua existência pela força probatória; que não são as informações neles contidas, a forma e o contexto que lhes dá relevância; que não são o conhecimento que se pode construir a partir de suas reservas de sentido, para o aqui e agora das organizações ou para a posteridade, mas a correspondência que mantém com as ações para as quais serviram de instrumento e que lhes confere um caráter específico e único.

Em breve análise, pode-se ver que esse caráter se concentra na relação estabelecida entre os documentos e as ações para as quais serviram de instrumento. Os autores que reivindicam a inclusão da arquivística entre as ciências da informação fazem isso entendendo que as especificidades dos acervos arquivísticos serão respeitadas.

De acordo com Jardim e Maria Odila Fonseca, em artigo publicado em Portugal, em 1992, e depois no Brasil, "o objeto da arquivística tem se deslocado da categoria arquivos para outras, como documentos arquivísticos e, mais recentemente, informação arquivística" (1995:45). Os autores acrescentam que a arquivística e a ciência da informação partilham o mesmo domínio de estudos, a informação. "Ainda que a informação seja contemplada por ambas as disciplinas a partir das suas diferentes propriedades e especificidades quanto à produção, uso e disseminação, o território disponível para o intercâmbio teórico e prático mostra-se extremamente vasto" (1995:48).

Fonseca expõe os dois níveis de informação de um arquivo: "A informação contida no documento de arquivo, isoladamente, e aquela contida no arquivo em si, naquilo que o conjunto, em sua forma, em sua estrutura, revela sobre a instituição ou sobre a pessoa que o criou" (1996:41). A autora menciona que o conceito de informação arquivística vem se consolidando entre os arquivistas canadenses, num esforço que inaugura um importante espaço de reflexão em torno das questões mais específicas do fenômeno informacional arquivístico. E prevê uma aproximação maior entre a arquivologia e a ciência da informação.

Os autores canadenses Couture, Ducharme e Rousseau (apud Fonseca, 1998:35) entendem a informação como recurso vital para o desempenho de qualquer atividade e discorrem sobre suas várias fontes, os inúmeros suportes em que ela está registrada, entre outras características. Mas concluem que a informação registrada orgânica encontra-se no arquivo do órgão. Seria a informação arquivística.

Transferência da informação

A informação é elemento essencial e determinante de todos os campos do conhecimento, e isso faz com que ela seja dotada de enorme diversidade de conceitos. Para Gernot Wersig e Ulrich Nevelling, "a informação é o caso mais extremo de polissemia" (1975:129); B. Brookes também chama a atenção para a dificuldade que isso causa aos cientistas teóricos (1980:126). Norbert Wiener destaca o processo de troca e entende que informação é "o nome dado ao conteúdo do que é trocado com o mundo exterior quando nos ajustamos a ele e nele fazemos sentir nosso ajustamento" (1954:17). Já para Nicholas Belkin (apud Pinheiro e Loureiro, 1995:45), a "informação é tudo o que for capaz de transformar a estrutura".

A ideia de transformação, de troca, de resposta está presente em várias definições, assim como o processo de comunicação. Para Shannon, ela não depende de suporte material, mas de um processo de comunicação. Como assinala Gilda Maria Braga, existe na área "uma aceitação quase tácita de que informação implica processo de comunicação: um emissor, um receptor, um canal – em sua descrição mais sumária" (1995:85).

Dessa forma, para utilizar um conceito que permita alcançar melhor os objetivos da pesquisa aqui realizada, optou-se por aquele formulado por Shannon (apud Pinheiro e Loureiro, 1995:45), para quem "a informação é uma redução de incerteza oferecida quando se obtém resposta a uma pergunta".

Aldo Barreto (2003:58) relaciona a informação com a geração de conhecimento, que só se realiza se a informação for percebida e aceita como um instrumento modificador da consciência do homem, promovendo o indivíduo a um estágio melhor. Portanto, a transferência efetua-se quando as informações transmitidas provocam a incorporação do conhecimento ao mundo do usuário. Ela é um processo social em que geradores e usuários são sujeitos sociais em interação e têm igual importância para a efetividade do processo. Segundo Belkin, a transferência da informação é um conjunto de "práticas e ações de informação, institucionalizadas ou não, que interferem entre a produção de um recurso de conhecimento e sua transferência em informação, gerando um novo estado de conhecimento no receptor" (Belkin apud González de Gomez, 1990:120).

A transferência de informação, portanto, não se limita à entrega do que foi solicitado ao usuário, mas pressupõe a comunicação com ele, por meio de mecanismos intermediários, do recurso de conhecimento.

As barreiras são mecanismos existentes durante a transferência, dificultando o processo e acarretando a subutilização da informação transferida. A maior proximidade entre produtor e usuário, seja física, intelectual ou cultural, tende a reduzi-las. Para isso, a qualificação do receptor é fundamental; necessário se faz que ele tenha a estrutura mental, social e cultural adequada para que a informação faça sentido. Alguns requisitos são indispensáveis, como capacidade de ler, de conhecer o idioma em que está sendo transmitida a mensagem, partilhar a forma de vida ou os termos de referência sociais e culturais nos quais a mensagem se insere. Ainda que essas condições sejam preenchidas, sempre haverá as diferenças entre os indivíduos e sua compreensão, originárias de experiências anteriores. Assim, "não basta uma democratização da informação, que forneça aos beneficiários dados, pois isto seria similar a dizer que todos têm direito a ler livros, e, consequentemente, dar livros a analfabetos" (Oliveira, 2005).

A visão de Barreto (1994:5) em relação às diferenças entre os usuários se orienta no mesmo sentido:

> Os habitantes destas comunidades sociais diferenciam-se segundo suas condições, como grau de instrução, nível de renda, religião, raça, acesso e interpretação dos códigos formais de conduta moral e ética, acesso à informação, confiança no canal de transferência, codificação e decodificação do código linguístico comum, entre outros.

Observa-se que, a partir dos já mencionados desníveis de competências para absorver a informação, em que cada usuário tem necessidades específicas, a opinião de Vitória Oliveira (1995:5) soma-se à de Barreto, para quem,

em uma realidade fragmentada por desajustes sociais, econômicos e políticos, a disponibilidade ou a possibilidade de acesso à informação não implica o uso efetivo que pode produzir conhecimento. Democratizar a informação não pode, assim, envolver somente programas para facilitar e aumentar o acesso à informação. É necessário que o indivíduo tenha condições de elaborar este insumo recebido, transformando-o em conhecimento esclarecedor e libertador, em benefício próprio e da sociedade onde vive.

O fluxo da informação – segundo Barreto, uma sucessão de eventos, de um processo de mediação entre a geração da informação por uma fonte emissora e sua aceitação pela entidade receptora – "realiza uma das bases conceituais que se acredita ser o cerne da ciência da informação: a geração de conhecimento no indivíduo e no seu espaço de convivência" (1998:122). O autor explica que esse fluxo interligando gerador e receptor passou por transformações até chegar à era da comunicação eletrônica. A modificação estrutural desse fluxo afetou seu tempo de duração e o espaço de sua atuação. A interação do receptor com a informação é direta, sem intermediários. O tempo de interação passa a ser o real, numa velocidade que o reduz a algo em torno de zero. A estrutura da mensagem permite, num mesmo documento, que a informação se transmita em diversas linguagens: texto, imagem, som. A dimensão de seu espaço de comunicação é ampliada por uma conexão em rede: "o receptor passeia por diferentes memórias ou estoques de informação no momento de sua vontade" (1998:124-6). Assim, Barreto (1998:126) conclui que a comunicação eletrônica imprime uma velocidade muito maior à possibilidade de acesso e ao uso da informação.

O instrumental tecnológico que possibilita essa nova interação é restritivo em termos econômicos e de aprendizado socialmente pouco difundido. Isso, contudo, não pode anular as condições técnicas que colocam a comunicação eletrônica como uma nova e mais eficiente maneira de divulgar as mensagens intentadas para as diversas tribos de informação, com a intenção de criar conhecimento.

O fluxo da informação, realizado por meio da comunicação eletrônica, mais especificamente graças às redes, torna-se fator diferencial para o processo de transferência da informação arquivística. Por não ser este um conceito comumente utilizado na área, cabe examinar alguns aspectos relacionados ao acesso à informação, noção já bastante consolidada.

O acesso à informação na arquivística

Maria Nélida González de Gomez afirma que, da perspectiva da transferência de informação, conhecimento/informação são olhados em um contexto de ação social. Nesse processo social de transferência, são múltiplos os fatores culturais e sociopolíticos "que definem suas bases técnicas e seus suportes institucionais: bibliotecas, arquivos, bases de dados, redes locais e internacionais" (1993:217).

Embora a instituição arquivística seja mencionada por González de Gomez, a transferência da informação não é comumente contemplada na bibliografia da área; tampouco na ciência da informação tende a ser incluída a especificidade da transferência da informação arquivística. A pesquisa empreendida por Jardim e Fonseca, com revisão bibliográfica em publicações das últimas três décadas, sugere, entre outras hipóteses, que, "de maneira geral, o usuário não se configura como sujeito do processo de transferência da informação, e sim como objeto (nem sempre explicitado) do acesso à informação" (2000:5).

A maior parte da bibliografia da área arquivística usa o termo *acesso à informação*, e podem-se observar, no histórico que Armando Malheiro da Silva e colaboradores (1999) traçam sobre o desenvolvimento da arquivística, algumas menções à questão do acesso. No Império Romano, no que parece ser um dos mais antigos exemplos de arquivos a serviço da historiografia, "a acessibilidade aos documentos oficiais por parte do cidadão comum era controlada. Os grandes arquivos foram criados, antes de mais nada, para uso do Estado" (Silva et al., 1999:64). Na Idade Média, o monarca era o "senhor exclusivo do cartório da Coroa, passando por ele todas as autorizações sobre o acesso aos documentos" (1999:82).

No Arquivo de Simancas, considerado um marco na história da arquivística no que se refere a vários aspectos, já existia a noção de que o arquivo é fonte de informação, servindo inclusive de memória sobre o passado. Também era claro o caráter privado do acervo, cujo acesso dependia diretamente do soberano. "A natureza mais ou menos secreta do arquivo, a maior ou menor abertura aos [indivíduos] privados [...] vão sofrendo oscilações, de acordo com o tipo de regime" (Silva et al. 1999:88). O manual do Arquivo de Simancas contém regras de acesso, o que se deve copiar, direitos de busca etc. (1999:89). No entanto, os autores demonstram que o problema persiste ainda hoje, em muitas instâncias.

A Revolução Francesa trouxe mudanças significativas para os arquivos, porém, não isentas de contradições e de aplicação não imediata, já que só em meados do século XIX surgiriam de fato salas para consulta nos arquivos. É interessante notar, nesse contexto, que os dicionários de terminologia arquivística brasileiros e também o dicionário do Conselho Internacional de Arquivos incluem o termo "acesso", mas não contemplam a transferência de informação. As definições são muito semelhantes em todos eles, como se pode observar no quadro na página seguinte:

QUADRO 1. DEFINIÇÕES DA PALAVRA "ACESSO" [4]

	Acesso
Dicionário de termos arquivísticos, elaborado por um grupo de alunos do curso de especialização em arquivologia da UFBA, em 1989, sob coordenação de Rolf Nagel.	1. Possibilidade de consulta dos documentos em decorrência tanto da autorização legal quanto da existência de instrumentos de pesquisa. Pode-se ter estágio de acesso por: período fechado, período restritivo, período aberto. 2. Método ou processo pelo qual o computador faz referência aos arquivos ou ao conjunto de dados. No processamento automático de dados, é a maneira de incluir informações na unidade de armazenamento de um computador e de consultar os itens armazenados de modo a readquirir as informações ou, cruzando-as, obter novos dados. Processo pelo qual se extrai uma instrução armazenada na memória para posterior execução.
Dicionário brasileiro de terminologia arquivística, do Núcleo Regional de São Paulo da Associação dos Arquivistas Brasileiros, publicado pelo Centro Nacional da Gestão da Informação (Cenadem) em 1990.	1. Possibilidade de consulta aos documentos de um arquivo, como resultado de autorização legal ou da existência de instrumentos de pesquisa. 2. Em processamento de dados, comunicação com a memória, permitindo a inserção, operação e/ou recuperação de dados.

---

4 O termo acesso tem os seguintes correspondentes em inglês: *access, accessibility*; em francês: *accès, accessibilité, communicabilité*; e em espanhol: *accesibilidad*.

Dicionário de terminologia arquivística, elaborado sob a coordenação de Ana Maria de Almeida Camargo e Heloísa Liberalli Bellotto, 1996.	1. Possibilidade de consulta a um arquivo, como resultado de autorização legal. 2. Possibilidade de consulta a um arquivo, como resultado da existência de instrumentos de pesquisa. 3. Em processamento de dados, comunicação com a memória, permitindo a inserção, operação e/ou recuperação de dados.

Os três dicionários brasileiros são muito semelhantes, chegando a exibir trechos iguais, ou apresentando pequenas alterações de um para outro. Todos mencionam o aspecto legal e o intelectual quando abordam a "existência de instrumentos de pesquisa".

O *Dicionário de terminologia arquivística* do Conselho Internacional de Arquivos (DAT III) apresenta o termo "acesso" de maneira bem similar: 1. direito, oportunidade ou meios de encontrar, utilizar documentos e/ou informação; 2. em processamento de dados, o processo de inserir e recuperar dados da memória.

No *Dicionário brasileiro de terminologia arquivística,* elaborado por um grupo de trabalho instituído no Arquivo Nacional e publicado em 2005, depois de submetido a discussões, acesso é assim definido: 1. possibilidade de consulta a documentos e informações; 2. função arquivística destinada a tornar acessíveis os documentos e a promover sua utilização.

Destaque-se uma maior objetividade no que diz respeito à última definição. De uma forma ampla, refere-se à "possibilidade de consulta a documentos e informações", sem aprofundar em que consiste esse processo (por exemplo, questões legais, intelectuais, físicas). O mesmo ocorre com a "função arquivística", mencionada em seguida, sem deixar claro em que ela consiste.

Todas as definições envolvem consulta, algumas incluem aquilo que pode implicar sua possibilidade (aparatos legais, instrumentos de pesquisa). Essa é uma preocupação crescente e que tem recebido cada vez mais atenção. O I Congresso Nacional de Arquivologia, realizado em novembro de 2004, em Brasília, teve como tema "Os arquivos no século XXI: políticas e práticas de acesso às informações". Durante o congresso, o acesso – intelectual, físico e legal – foi tratado sob diferentes aspectos. Georgete Rodrigues (2003:227) sintetiza de forma representativa o que se encontra na bibliografia da área em relação a "acesso":

> O objetivo último da organização de um conjunto documental arquivístico é permitir o acesso às informações contidas nos documentos. Para que os arquivos ou as informações arquivísticas sejam acessíveis é preciso existir instrumentos que permitam esse acesso. Na perspectiva do arquivista, isto é, no que depende diretamente de seu trabalho profissional, é no acesso intelectual e físico que se concentra sua intervenção. Isso porque, embora ele deva estimular e ser parte atuante na proposição de políticas nacionais de arquivo, incluindo questões de acesso, não é de sua responsabilidade direta a elaboração de leis.

A autora destaca a importância da descrição dos documentos arquivísticos, bem como dos instrumentos de pesquisa para a consulta aos arquivos:

> Assim, a função descrição antecipa e fornece os dados necessários para que sejam produzidos os mais variados instrumentos de pesquisa. É essa atividade que permite, num primeiro momento, a comunicação e a consulta aos arquivos. Ainda que os países criem leis de acesso à informação, buscando disciplinar o acesso dos cidadãos à informação governamental ou não, deve-se observar que a liberdade de acesso só pode ser efetivamente exercida se "os cidadãos têm condições de conhecer a existência dos documentos e de identificá-los com exatidão". Essas condições são fornecidas pelos instrumentos de pesquisa [Rodrigues, 2003:228].

Não se deve perder de vista que o ato de consultar pressupõe a existência de um usuário. Porém, não é comum uma bibliografia arquivística que o inclua. Não é prática frequente proceder-se a estudos de usuários visando a conhecer seu perfil, seus interesses e demandas. Poucos são os que se debruçaram sobre o tema no Brasil. Assim, em geral, quando os autores tratam de acesso, estão se referindo apenas a um lado do processo de transferência da informação: o de colocar os documentos à disposição do público. Quando se trata das instituições arquivísticas públicas, a situação é singular, segundo Júnia Guimarães e Silva: "O usuário de um arquivo público é, sem sombra de dúvida, dos mais heterogêneos, ou seja, qualquer um de nós" (1996:83). Essa realidade dos arquivos públicos traz consequências evidentes à sua ação no atendimento ao usuário:

> A indeterminação do público de um arquivo exige um esforço muito maior da organização que o atende, uma vez que traz demandas nem sempre previstas ou esperadas pela instituição, apresentando dificuldades de várias ordens: de comunicação-expressão e compreensão verbais; compreensão de conteúdos/significados relacionados à informação procurada; dificuldades de definição do problema; falta de entendimento e compreensão de estilos de escrita etc. Por conseguinte, novas atitudes e comportamentos são esperados, se a entidade estiver disposta a reconhecer esta necessidade e a buscar outras linhas e formas de atendimento e divulgação, estabelecidas a partir da integração-interação de produtores e usuários [Guimarães e Silva, 1996:67-8].

É necessário aumentar essa integração entre produtores e usuários, mas, até agora, as abordagens voltam-se mais para o emissor do que para o receptor da informação. Como já foi dito, o usuário ainda é visto mais como objeto do acesso à informação do que como sujeito do processo de sua transferência.

Dos documentos de arquivo à transferência da informação arquivística

Em um dos artigos pioneiros no Brasil sobre transferência da informação, Nice Figueiredo cita o relatório Weinberg, elaborado nos Estados Unidos, no início da década de 1960, que chamava atenção

> aos bibliotecários americanos para a necessidade de eles assumirem um papel mais ativo, ou agressivo, em relação à transferência da infor-

mação. Isso significava que os bibliotecários precisavam ir em busca dos seus usuários, fornecendo-lhes a informação (não mais somente o documento) mais adequada às suas necessidades de pesquisa. [...] Do ponto de vista das bibliotecas e dos bibliotecários, a mudança de comportamento sugerida pelo relatório Weinberg resultou em serviços [1979:135].

A necessidade de mudança de atitude sugerida aos bibliotecários no relatório Weinberg pode ser útil também aos arquivistas de hoje. Faz-se necessária maior aproximação entre os arquivos e o público, embora seja preciso lembrar que a possibilidade de diminuir a distância existente não reside apenas na mudança de atitude por parte dos profissionais. Os motivos e possíveis soluções para o problema são discutidos por Guimarães e Silva (1996:64-5):

> O distanciamento entre essas instituições e a população se deve, em parte, a que os valores e referências nelas guardados não foram considerados significativos pela própria comunidade que os produziu. Dificilmente esses registros descontextualizados terão condições de sobreviver, caso não seja restituído à comunidade o direito de participar da guarda e preservação de sua memória coletiva. [...] Entretanto, uma ligação tênue foi mantida com os arquivos, por meio das informações usadas para a comprovação de direitos existentes em grande parte dos conjuntos documentais. Este pode ser o elo para o reforço da ligação usuário-instituição.

A criação de novos serviços e projetos de difusão, com o objetivo de atingir e/ou ampliar o público, deveria, de fato, ser motivo de reflexão e planejamento, no sentido de dar início às mudanças aspiradas. A ideia de que o usuário é desconsiderado nos processos internos dos arquivos é sublinhada por Julia Bellesse e Luiz Cleber Gak (2004:38):

> Não se pode mais organizar o acervo orientado para o criador. É preciso, pois, romper com esta arquivística endogênica, refratária ao usuário, voltada para as autobiografias envoltas numa atmosfera de narrativa organizacional. É equivocada a ideia de que o usuário se enquadre nas excentricidades do método. Na visão de alguns profissionais de informação, o usuário precisa entender o sistema quase a ponto de tornar-se um arquivista. Esse posicionamento não é sustentável em termos de pesquisa contemporânea.

Vanderlei Batista dos Santos, em texto sobre marketing em arquivos – assunto muito pouco abordado na arquivística –, formula questões da maior relevância:
- A suposição – errônea – da existência de "plateia cativa" para os acervos acumulados faz com que os arquivistas mantenham uma postura cômoda (2003:40).
- A cada fase documental corresponde um tipo de usuário, e cada um deles deve ser tratado com a mesma atenção (2003:40).
- Deve-se "despertar os usuários para o potencial da informação arquivística, tornando o arquivo um centro de referência constante aos (seus) interesses" (2003:40).
- Apesar de faltar visibilidade ao arquivo, não basta que se proponham formas de promoção; isso não é uma "panaceia que solucionará todos os problemas de visibilidade dos arquivos e de reconhecimento do profissional arquivista"; é necessário, concomitantemente, uma boa atuação do arquivo e a eficiente execução de suas competências (2003:46).
- É necessário, antes de qualquer promoção, atender a algumas condições, tais como possuir um projeto implantado de gerenciamento da informação arquivística, com código de classificação, tabelas de temporalidade, entre outras. Se o arquivo não contar com base para o funcionamento ideal, "poderá incitar o surgimento de uma demanda à qual não estará preparado para atender" (2003:40).

Estes são alguns aspectos a se considerar em relação ao esforço que deve ser empreendido no sentido de diminuir o distanciamento já mencionado entre os arquivos e o público. A garantia da transferência da informação talvez constitua o mais importante deles:

> Apenas a existência física de documentos e a aparente disponibilidade não configuram a garantia de um acesso pleno. Qualquer conotação negativa [atribuída] a questões formuladas pelo usuário ou ao não entendimento da informação transferida pode representar a criação de um obstáculo ao acesso [Guimarães e Silva, 1996:65].

Será adotada aqui a definição de Guimarães e Silva para a transferência da informação arquivística: processo que se inicia com o recebimento de um documento, abrange a construção, o tratamento e até a divulgação de seu conteúdo. Mas é por meio do aspecto contextual da informação que se impõe o problema de sua transmissão e de seu aproveitamento pelo público, mesmo considerando a parcela inerente de incerteza ligada ao uso efetivo e à validade da informação transferida (1996:67 e 76).

As informações arquivísticas constituem o acervo de um órgão. Quando tal órgão é público, seus arquivos são encaminhados – após o prazo definido – a outra instituição pública da mesma esfera de atuação, que tem como atividade-fim gerir a informação arquivística pública.

2. As instituições arquivísticas

As instituições arquivísticas devem ser examinadas de diferentes pontos de vista.
- História e evolução até o formato atual, considerando as características do Estado brasileiro.
- Conceituação.
- Situação no Brasil.
- Situação na internet.

Pode-se situar a origem dos arquivos próxima à época da invenção da escrita, já que esta surgiu pela necessidade de o homem registrar e comunicar seus atos, conservando esses registros para utilização futura.

Segundo Lodolini: "Dá-se como assumido que os primeiros escritos na história da humanidade foram documentos de arquivo, e não textos de bibliotecas. A finalidade que determinou a formação das mais antigas escrituras foi uma finalidade prática, administrativa, e não uma finalidade literária" (1993:257).

A instituição arquivística tal como a conhecemos hoje se consolidou a partir de fatores como a urbanização das sociedades, a formação dos Estados nacionais e o consequente aumento das instituições públicas. Como argumenta Anthony Giddens, todos os Estados nacionais foram "sociedades da informação", pois "a geração do poder de Estado pressupõe a reprodução reflexivamente monitorada do sistema, envolvendo coleta, armazenamento e controle regulares da informação aplicada com fins administrativos" (Giddens apud Burke, 2003:111).

Peter Burke, no livro *Uma história social do conhecimento*, além de analisar o mundo acadêmico, amplia seu estudo para a "política do conhecimento no sentido de coleta, armazenamento, recuperação e supressão da informação pelas autoridades, tanto da Igreja quanto do Estado" (2003:109). O autor afirma que todos os governos dependem da informação e que vem crescendo o número de estudos sobre o tema. A Igreja, tanto a católica quanto a protestante, realizava censos, mantinha registros sobre os paroquianos, as igrejas – levantamentos que indicavam a ligação entre a coleta de informações e o desejo de controle dos fiéis. Este é um exemplo de busca de conhecimento para fins de controle atestado no início da era moderna (Burke, 2003:109, 113-4).

Os impérios ultramarinos – português, espanhol, holandês, francês e britânico – dependiam de informações para novas conquistas. Depois que partes de outros continentes eram incorporadas aos impérios europeus, era necessário obter informações sobre a nova terra. Para isso, enviavam-se questionários – inicialmente utilizados pela Igreja e depois adaptados pelos governos – e também expedições às terras conquistadas (Burke, 2003:117-9).

Na época medieval, com o aumento do valor e da função da escrita, os arquivos começaram a recuperar a importância, a estabilidade e a difusão que, de certa forma, tinham na Antiguidade. Esse processo coincidiu com o surgimento de novos Estados europeus e o desenvolvimento de certos principados e cúrias eclesiásticas, o que acarretou o gradual aparecimento de novos arquivos (Duchein, 1992:15).

Os governos medievais, como Burke procura frisar, já haviam produzido e preservado grande massa de documentos. O rei Filipe Augusto, da França, criou um acervo de documentos (Trésor de Chartes) mantidos posteriormente em Paris, na Sainte-Chapelle; a Inglaterra, um reino medieval relativamente pequeno, ainda conserva seus rolos de pergaminho no Public Records Office. Porém, na Idade Média, os documentos eram mantidos nos acervos, junto com outros objetos, e levados para onde iam seus donos. Por isso, considerava-se que o "principal obstáculo para o desenvolvimento de um arquivo do Estado na Idade Média era a mobilidade dos monarcas. As coleções de documentos existentes eram descentralizadas" (Burke, 2003:127-8).

Os arquivos europeus começaram a reviver quando uma nova organização política e religiosa do continente aos poucos emergiu do caos. Foi a época da recriação dos arquivos centrais da administração. Na península Ibérica, há o exemplo do arquivo do Estado português na Torre do Tombo (anterior a 1325) e o Arquivo da Coroa de Aragón, criado em 1346, para reunir fundos dispersos. A França nomeou o primeiro arquivista para o Trésor des Chartes, Pierre d'Etampes, em 1307 (Duchein, 1992:15).

A Grécia Antiga e o Império Romano já tinham depósitos de arquivos de Estado. Portanto, eles não são criação da época moderna. Mas foi nesse período que o processo generalizou-se e, sobretudo, foi regulamentado (Duchein, 1992:15).

O início da era moderna foi marcado por mudanças, tais como um crescimento sem paralelo dos papéis, causado pela então crescente centralização dos governos, e sua instalação em prédios como Versalhes, Escorial, Whitehall, entre outros. Essas mudanças tornaram os arquivos necessários e possíveis. À centralização do governo seguiu-se a dos documentos (Burke, 2003:128). Um decisivo passo foi dado no século XVI, quando o aprofundamento das competências do Estado, o reforço do poder central e o aumento de burocracia contribuíram para a concentração de arquivos em depósitos centrais, com arquivistas especializados e suas equipes (Duchein, 1992:16).

O Arquivo de Simancas, na Espanha, criado em 1542, na opinião de Michel Duchein, é o primeiro exemplo clássico de arquivo de Estado; sua criação teve caráter inovador, uma vez que o Estado espanhol era recente. Seu regulamento interno (Instrucción para el gobierno del Archivo de Simancas), de 1588, talvez seja o primeiro documento do gênero de que se tem conhecimento (Duchein, 1992:16).

Constituíram grandes arquivos de Estado: Áustria (1509), Nápoles (1540-45), Simancas (1542), Florença (1569), Londres (1578), Siena (1585-88), Parma (1592). A tendência não foi peculiar ao continente europeu: a China Imperial instituiu o grande arquivo de Hwang Shi Cheng em 1534 (Silva et al., 1999:92). Nessa época, os arquivos oficiais ainda mantinham certo caráter privado. O acesso a eles era estritamente condicionado por seus detentores, muito ciosos de seus documentos, embora haja alguma aceitação de uso para benefício da comunidade. Apesar disso, a noção de arquivo público expandiu-se nesse período, pois diversos monarcas reclamaram o direito de propriedade sobre acervos documentais reunidos por funcionários no exercício de suas funções (Favier, 1975:21). Esse fato é confirmado por Burke (2003:129):

Foi um momento importante na história do Estado aquele em que os funcionários deixaram gradativamente de trabalhar em casa, tratando os papéis do Estado como propriedade privada, e passaram a trabalhar em repartições, mantendo os papéis em arquivos. O monopólio da informação (pelo menos de alguns tipos de informação) era um meio de alcançar o monopólio do poder.

O autor adverte que esses arquivos não foram criados para benefício dos historiadores, mas dos administradores, e eram parte dos "segredos de Estado" (*arcana imperii*), expressão utilizada em relação a certos tipos de informação política (Burke, 2003:129). Porém, apesar de inicialmente criados para servir à administração, "[n]os séculos XVII e XVIII, intensificou-se a procura dos arquivos, em função do chamado 'valor secundário' da documentação. As pesquisas históricas e as prospecções acadêmicas [...] irão criar uma situação inteiramente nova" (Silva, 1999:95). Essa modificação no uso dos arquivos aponta para uma "oposição à tendência redutora do conceito estritamente jurídico e administrativo dos arquivos, pressionando assim a abertura deles a outros tipos de função" (Silva, 1999:95).

A criação de procedimentos e regulamentos para a operação dos arquivos, que aumentou ao longo do século XVIII, é representativa de um movimento mais amplo de criação ou reorganização de grandes depósitos da administração do Estado. Entre eles estavam os arquivos centrais de Rússia, Áustria, Hungria e Veneza. A fundação do Archivo General de Índias (Sevilha) é outro exemplo – nesse caso, relacionado à administração das colônias, que teve um caráter inovador, mas ainda em função, estritamente, dos interesses da administração estatal (Silva, 1999:100).

A Revolução Francesa também influenciou os arquivos, pois

o golpe no Antigo Regime passava também, inevitavelmente, pelos arquivos. Aí se conservavam os fundamentos da organização do Estado, os registros das deliberações mais odiadas pelos revolucionários, os títulos de nobreza e de propriedade dos partidários da monarquia. Além disso, os governantes saídos da Revolução sentiam que era preciso criar um serviço novo, que se encarregasse de zelar pelos documentos oficiais em que passou a assentar o regime [Silva, 1999:10-1].

Foram três as principais contribuições da Revolução Francesa, movimento que marcou o início de uma nova era na administração dos arquivos. Estabeleceu-se o quadro de uma gerência de arquivos públicos de âmbito nacional: o Arquivo Nacional passou a ser um órgão central dos arquivos do Estado, ao qual se subordinaram os depósitos existentes. Pela primeira vez uma administração orgânica de arquivos englobou toda a rede de depósitos. O segundo efeito importante foi o fato de o Estado reconhecer sua responsabilidade em relação à preservação da herança documental do passado. O terceiro refere-se ao princípio da acessibilidade dos arquivos ao público, de acordo com o art. 37 do decreto de Messidor: "Todo cidadão tem o direito de pedir em cada depósito [...] a exibição dos documentos ali contidos". Pela primeira vez os arquivos eram legalmente abertos e sujeitos ao uso público (Posner, 1959:7-9).

A Revolução Francesa influenciou a instauração de regimes liberais em vários países. Com as revoluções burguesas e a consequente expropriação dos bens do clero e da nobreza, surgiu a necessidade de nacionalizar os cartórios, onde se mantinham títulos de posse e a documentação relativa às propriedades confiscadas. Em vários países, teve início um movimento de incorporação em massa de arquivos privados aos depósitos do Estado (Silva, 1999:105).

Na Europa, o caso da Grã-Bretanha foi uma exceção, não havendo influência da França quanto a esse aspecto, e o Estado demorou mais para concentrar seus arquivos. Só em 1838 foi criado o Public Record Office, de caráter governamental central, onde eram recebidos apenas documentos provenientes da administração pública. O arquivo foi instituído por razões de ordem prática – salvaguarda de documentos com integridade física ameaçada – e cultural (Silva, 1999:106).

O movimento de renovação da historiografia, que se fortaleceu a partir de 1830, implicou forte valorização das fontes históricas e da pesquisa em arquivos. Em seguida à fase em que os arquivos se firmaram em função da política e do direito, veio aquela em que eles eram usados como apoio ao trabalho histórico (Silva, 1999:108). No século XIX, já não havia espaço para o arquivo administrativo, mas sim para o histórico, com o predomínio de um forte caráter historicista e erudito, de uma marcada dimensão histórica (Heredia Herrera, 1993:40).

Os arquivos são considerados por Pierre Nora um dos instrumentos de base do trabalho histórico e um dos objetos mais simbólicos de nossa memória. Com museus, coleções, bibliotecas, comemorações, festas e monumentos, são os testemunhos de outra era, das ilusões de eternidade (Heredia Herrera, 1993:12-3). Passaram a ser os locais em que a massa documental era simplesmente acumulada para que não se dispersasse, quando o volume começava a aumentar, tornando-se difícil administrá-los. Nora denomina-os locais de memória, que nascem e vivem do sentimento de que não há memória espontânea, sendo preciso criar arquivos, organizar celebrações, manter aniversários, entre outros aspectos, porque essas operações não seriam naturalmente realizadas. Sem vigilância comemorativa, a história depressa varreria os lugares de memória. E Nora acrescenta que, se o que eles defendem não estivesse ameaçado, não haveria a necessidade de construí-los. Se vivêssemos verdadeiramente as lembranças que eles envolvem, os lugares de memória seriam inúteis (Nora, 1993:13).

Para Nora, "o que nós chamamos de memória é, de fato, a constituição gigantesca e vertiginosa do estoque material daquilo que nos é impossível lembrar, repertório insondável daquilo que poderíamos ter necessidade de nos lembrar" (Nora, 1993:15). E assinala que a "memória de papel", mencionada por Leibniz, tornou-se uma instituição autônoma de museus, bibliotecas, depósitos, centros de documentação, bancos de dados. A revolução quantitativa dos arquivos públicos sofreu uma multiplicação por mil, em algumas décadas. Nora acrescenta ainda que nenhuma época foi tão voluntariamente produtora de arquivos como a nossa, não apenas pelo volume que a sociedade moderna cria, de forma espontânea e pelos meios técnicos de reprodução e conservação de que dispõe, mas também pelo respeito aos vestígios e, à medida que desaparece a memória tradicional, por sentir obrigação de "acumular religiosamente vestígios, testemunhas, documentos, imagens, discursos, sinais visíveis do que foi" (1993:15). Como não é possível prejulgar aquilo que deverá ser objeto de lembrança, há uma inibição de destruir – a constituição de tudo em arquivos, o aumento exagerado da função da memória, ligada ao próprio sentimento de sua perda, e o reforço correlato de todas as instituições de memória. Dessa forma, Nora entende que a materialização da memória democratizou-se. Se, nos tempos clássicos, os três grandes produtores de arquivos eram as grandes famílias, a Igreja e o Estado, hoje qualquer um se crê autorizado a consignar suas lembranças e escrever suas memórias, por uma vontade geral de registro. Produzir arquivos é o imperativo da época (1993:15-6).

Na transição do século XIX para o XX, e nos primeiros anos deste último, ocorreu uma consolidação do modelo arquivístico oriundo da Revolução Francesa, tendo por base medidas regulamentadoras e suporte legislativo, criando em vários países uma autoridade arquivística central, um órgão coordenador das políticas arquivísticas (Silva, 1999:115 e 120).

No início do século XX, o recolhimento de documentos aos arquivos atingiu grandes proporções, o que fez com que os depósitos tivessem sua capacidade esgotada. Para atender às exigências de caráter legal, que determinavam o recolhimento, foi necessário, em muitos casos, recorrer a novos espaços. A política centralizadora começou a sofrer alterações por razões de ordem prática. Havia a dispersão material dos arquivos da nação, porém mantendo-se o modelo de organização arquivística (Silva, 1999:123).

A concepção de instituição arquivística de acordo com o modelo pioneiro criado na França foi amplamente reproduzida na Europa e nas Américas, guardadas as especificidades de cada país; estabeleceu-se um modelo institucional que permaneceu até meados do século XX, pelo qual a "instituição arquivística é aquele órgão responsável pelo recolhimento, preservação e acesso dos documentos gerados pela administração pública, nos seus diferentes níveis de organização" (Fonseca, 1998:38). Essa concepção modificou-se depois da II Guerra Mundial. À luz da gestão de documentos,[5] que revoluciona a arquivologia tradicional,

---

5 A gestão de documentos diz respeito a uma área da administração-geral relacionada à busca de economia e eficácia na produção, manutenção, uso e destinação final dos documentos. Ela originou-se na impossibilidade de lidar, de acordo com os moldes tradicionais, com massas cada vez maiores de documentos produzidos pela administração (*Dicionário de terminologia arquivística*, apud Fonseca, 1998).

as instituições arquivísticas ampliaram seu espectro e funções, e foram obrigadas a reformular suas estruturas e a redefinir seu papel (Fonseca, 1998:38).

É preciso diferençar as instituições arquivísticas públicas dos serviços de arquivos internos de uma instituição pública. Nas primeiras, o arquivo é a atividade-fim; estas são instituições cujo objetivo é a gestão dos acervos produzidos por outras instituições públicas de uma mesma esfera de poder, em função das atividades de uma administração, de um governo. No segundo caso, trata-se de atividade-meio; o serviço de arquivo também lida com documentos públicos, mas de uma instituição específica.

Tanto a instituição arquivística quanto os serviços de arquivo de uma organização se caracterizam por gerir e disponibilizar um acervo documental com dupla função informativa: a) o apoio administrativo no dia a dia das instituições; b) a pesquisa histórico-cultural. Dessa maneira, os arquivos – produzidos e recebidos no decorrer das atividades de determinada instituição, pessoa ou família – possuem um tipo de conhecimento único, por gerarem representações de trajetórias institucionais e/ou pessoais advindas de conjuntos organicamente tratados e disponibilizados.

Os documentos públicos são básicos para o funcionamento de um governo, estejam eles nos órgãos de origem ou em uma etapa posterior nas instituições arquivísticas. No Brasil, essas instituições se encontram em um *locus* periférico.

Instituições arquivísticas públicas no Brasil

As instituições arquivísticas públicas brasileiras expressam, ao longo de sua trajetória e com o perfil atual, a forma como se inserem no Estado. Assim, antes de abordá-las de modo mais detalhado, cabe levar em conta alguns aspectos relativos ao Estado no Brasil (Jardim, 1995:50-5 e 1999b:85-94):
- De um processo histórico em que o Estado brasileiro se caracterizou por um distanciamento da sociedade civil e após a República por uma tendência à centralização no governo da União, resultou um tipo de federalismo que, na prática, aparta estados e municípios, tutelados pelo poder central.

- A partir da década de 1930, o Estado passou a interferir de forma explícita na acumulação e diferenciação da estrutura econômica do país. Ampliaram-se as políticas sociais e a repressão às demandas dos trabalhadores.
- Depois de 1950, os rumos da economia brasileira foram orientados, pelo Estado, para o fortalecimento do setor industrial emergente. Firmou-se no país, principalmente após 1964, um setor industrial vinculado ao chamado sistema econômico e financeiro internacional.
- O chamado modelo de desenvolvimento econômico brasileiro, patrocinado por um Estado autoritário, agravou a concentração de renda e os desajustes sociais. Esse quadro se aprofundou nos anos 1980 e 1990, com novos componentes, tais como a luta pela democratização da sociedade civil e dos estados, refletida nas diversas forças sociais em disputa de espaço.
- A Constituição de 1988, um modelo de constituição social, poderia permitir a construção de um Estado democrático, uma vez que inclui um amplo leque de direitos fundamentais e várias espécies de garantias. Porém, a implementação de grande parte desses direitos e garantias não faz parte do cotidiano dos cidadãos.
- A credibilidade do Estado brasileiro como agente de interesses dos cidadãos tende a ser muito baixa, uma vez que não garante pleno direito de acesso a bens públicos e serviços essenciais, às instâncias políticas e à Justiça, nem ao direito de apelar contra arbitrariedades. A condição de gerar excluídos é aumentada pela ineficiência do Estado.
- A ausência de universalização das leis no Brasil gerou um quadro no qual a própria cidadania não é universal. Não está consolidada a ideia de direitos sociais como atributo da cidadania. A configuração constitucional desses direitos não se expressou, por parte do Estado, em políticas públicas capazes de contemplar tais dispositivos legais. O fim da ditadura militar não implicou uma ampla democratização da sociedade civil e da sociedade política no Brasil.

O poder público é responsável pela gestão dos documentos arquivísticos públicos, segundo determina a legislação brasileira. Compete às instituições arquivísticas, nas suas esferas de atuação correspondentes, promover a gestão, que inclui não apenas os documentos já recolhidos, mas também os que estão nos órgãos de origem, isto é, os documentos em suas três idades.

Ressalte-se que a legislação é recente, tem raízes na Constituição de 1988, com dispositivos regulamentados pela Lei nº 8.159, de 9 de janeiro de 1991, ao passo que as instituições arquivísticas remontam a longa data – como, por exemplo, o Arquivo Nacional, com cerca de 170 anos. Nos termos dessa lei, as instituições arquivísticas públicas no Brasil são:

- No plano federal, no âmbito do Poder Executivo, o Arquivo Nacional e também as unidades de documentos históricos do Ministério das Relações Exteriores e dos comandos do Exército, Marinha e Aeronáutica, subordinados ao Ministério da Defesa.
- O Poder Legislativo Federal mantém arquivos próprios e independentes, como os da Câmara dos Deputados e do Senado Federal, este responsável, também, pelos documentos gerados pelo Congresso Nacional.
- No âmbito do Poder Judiciário Federal, a situação dos arquivos é mais complexa. O Supremo Tribunal Federal tem um arquivo único em Brasília. O Superior Tribunal do Trabalho possui um arquivo central em Brasília, mas cada um dos 24 tribunais regionais, além das juntas de conciliação e julgamento, é responsável pelos documentos por eles gerados. O Superior Tribunal Militar possui arquivo único em Brasília. O Tribunal Superior Eleitoral tem arquivo central em Brasília, e cada um dos tribunais regionais e juntas eleitorais é responsável pela guarda e manutenção de seus arquivos. O Superior Tribunal de Justiça, com seu arquivo em Brasília, tem a ele vinculado o Conselho da Justiça Federal, que congrega cinco tribunais regionais federais, geradores de farta massa documental, e seus arquivos funcionam em cada uma das regiões de competência.

- As 26 unidades da Federação e o Distrito Federal possuem arquivos públicos institucionalizados com graus diferenciados de desenvolvimento técnico no que tange à organização e preservação de seus acervos. As instituições arquivísticas públicas estaduais ficam subordinadas ao Poder Executivo. A esmagadora maioria dos 5.507 municípios brasileiros não tem arquivos institucionalizados [Silva, 1999:4-5].

O Arquivo Nacional foi previsto na Constituição de 1824 e criado em 1838. Tornou-se a principal instituição arquivística brasileira e reúne em seu acervo mais de 50 km de documentos textuais, 1,15 milhão de fotografias, 55 mil mapas e plantas, 13 mil discos e fitas audiomagnéticas, 12 mil filmes e fitas de vídeo, provenientes do poder público, assim como de instituições privadas e de particulares. Voltou a ser subordinado ao Ministério da Justiça, após 10 anos vinculado à Casa Civil da Presidência da República. Tem como atribuições assumir a interveniência técnico-normativa na política nacional de arquivos, com base nas decisões do Conselho Nacional de Arquivos (Conarq); promover e supervisionar programas de gestão de documentos em órgãos federais; receber documentos produzidos e acumulados pelos órgãos do poder público; manter, organizar e proceder ao controle intelectual e físico dos documentos arquivísticos, garantindo o acesso público e a recuperação e disseminação das informações do acervo sob sua guarda; desenvolver programa de difusão cultural e de divulgação institucional; empreender programas de desenvolvimento de recursos humanos, entre outros.

Em diferentes épocas, a situação do Arquivo Nacional foi exposta em relatórios, estudos, diagnósticos e outros documentos – elaborados algumas vezes por seus dirigentes, outras, por profissionais externos à instituição, e, em pelo menos três ocasiões, por nomes respeitados no cenário internacional. Alguns exemplos são Theodore Roosevelt Schellenberg, Charles Kecskeméti, Michel Duchein, José Honório Rodrigues, José Maria Jardim, Norma de Góes Monteiro, Celina Moreira Franco, entre outros. Esses documentos permitem formar uma imagem da instituição em vários períodos, uma comparação entre eles, bem como uma visão geral.

O objetivo desses relatórios era fazer conhecer, tornando público, o estado em que se encontrava a instituição, buscando com isso solucionar seus problemas. É interessante notar que alguns desses problemas foram resolvidos em curto espaço de tempo, outros, de forma mais lenta, e alguns ainda perduram.

Ao longo dos últimos vinte anos, diversos diagnósticos produzidos pelos arquivos públicos vêm denunciando a progressiva corrosão da situação arquivística, desde os acervos acumulados a documentos em fase de produção, passando pela precariedade organizacional, tecnológica e humana relacionada a este quadro. Uma das expectativas quando da elaboração destes diagnósticos era a de produzir, de um lado, formas preliminares de acesso a estoques documentais dispersos e, de outro, fornecer indicadores para políticas públicas que permitissem a superação do quadro denunciado. Alguns desses diagnósticos apontam de forma mais ou menos evidente para o problema do acesso à informação [Jardim, 1999a:6].

Charles Kecskeméti, diretor-executivo do Conselho Internacional de Arquivos, elaborou um desses relatórios em 1988. Ele afirma que a finalidade básica, essencial, dos arquivos, como se pode ver ao longo de sua história na Europa, consiste em salvaguardar a continuidade das instituições e das comunidades onde se inserem. E procura frisar que, por tradição, os arquivos centrais criados na América Latina não apresentaram essa característica, pois não tinham obrigação de servir à administração pública. Foram criados, em sua maioria, no início do século XIX, e tinham a exclusiva missão de conservar os monumentos do passado: documentos do período colonial e da conquista da independência. Dessa forma, nem o presente nem o futuro lhe diziam respeito. Em sua opinião, isso produziu, em escala continental, um fenômeno curioso, ao qual chamou de "síndrome dos arquivos nominais", surgida na América Latina, mas que não se limitou a esse espaço. A expressão, a partir daí adotada por outros autores, seria

> a presença, nos organogramas do serviço público, de instituições denominadas "arquivos", com todos os indícios de sua existência, tais como instalações, papéis timbrados e publicações periódicas, mas desprovidas dos recursos materiais, jurídicos e humanos indispensáveis ao exercício das funções arquivísticas essenciais [Kecskeméti, 1988:5].

Esses arquivos chamados "históricos", desvinculados da administração pública, por não estarem aptos a funcionar regularmente, estabeleceram uma rotina que tem algumas características fundamentais:

1. Carentes de uma política de recolhimento, os arquivos aceitam o depósito em suas instalações (quando dispõem de espaço) de qualquer coisa, em qualquer estado que se encontre.
2. Os arquivos *não fazem uma seleção*; o acaso encarrega-se de realizá-la: ora fundos inteiros são destruídos, ora tudo é conservado, mesmo o que é desprovido de qualquer interesse (duplicatas e triplicatas, registros vazios etc.).
3. Os arquivos *não organizam* os documentos; limitam-se a dispô-los em séries formais cronológicas. Em consequência, em lugar de inventários, são produzidos catálogos mais ou menos detalhados e às vezes edições de textos [1988:6].

Como se verá adiante, esses aspectos fundamentais foram comprovados mais tarde em pesquisas empreendidas em arquivos públicos brasileiros. Com base em suas observações, Kecskeméti conclui: "Formou-se, assim, um círculo vicioso: incapaz de demonstrar sua finalidade, os arquivos não recebem recursos financeiros suficientes e, por esse motivo, não conseguem tornar-se úteis" (1988:6). A análise desses vários diagnósticos e relatórios permite constatar alguns pontos em comum. O mais evidente é que o cenário de distanciamento em relação ao público não é recente.

José Honório Rodrigues, que exerceu a direção do Arquivo Nacional de 1958 a 1962, elaborou e publicou em 1959 um relatório intitulado "A situação do Arquivo Nacional". Trata-se de texto bem-detalhado, extenso, abrangente, no qual ele desenvolve um diagnóstico da instituição e aponta alternativas organizacionais e arquivísticas que, quase 50 anos depois, ainda se mostram pertinentes. O autor discorre sobre a inicial vocação histórica do Arquivo quando da criação dos arquivos nacionais, e a posterior mudança desse perfil para atender à administração, sublinhando que uma atividade não implica a exclusão da outra.

Entre vários aspectos, o relatório chama a atenção para as dificuldades encontradas na consulta e divulgação do acervo. As publicações promovidas pelo Arquivo Nacional foram apenas duas no período de 1940 a 1959, e as dificuldades de consulta existiam não só porque se proibia o acesso a catálogos e fichários, mas também porque era preciso autorização pessoal do diretor para consultar e fazer anotações. O horário de trabalho era reduzido (das 12h às 16h30) e o de consulta, a partir de 1955, era das 13h às 16h, três vezes por semana:

> Essas dificuldades mantidas durante 20 anos, de direção fechada, complicada, sem normas gerais de acesso, visando obrigar à autorização pessoal do diretor, fizeram cair a frequência e afastaram o público do Arquivo, que passou a se limitar a solicitar [...] certidões [Rodrigues, 1959:42].

Rodrigues acrescenta ainda outros motivos e suas consequências:

> Pela carência de instrumentos de busca, pelas dificuldades opostas à frequência, pela oposição ao uso dos fichários e pela observação estrita do regulamento de 1923 que restringia a consulta e não esclarecia o que eram documentos reservados ou sigilosos, o Arquivo Nacional deixou de prestar o mínimo de serviços públicos, oficiais ou privados. Seu acervo não é utilizável porque é em grande parte um depósito sem controle. Consequentemente, sofrem a administração pública, o povo, nas provas de suas garantias individuais, e a investigação histórica, prejuízos irreparáveis [1959:45].

Segundo o relatório, os órgãos escolhiam, de acordo com seu próprio discernimento, quais conjuntos documentais iriam recolher ao Arquivo Nacional, e este, por sua vez, não permitia a consulta, ou o fazia também segundo seus próprios critérios.

Rodrigues lembra que os arquivos nacionais, em sua maioria, nasceram com objetivos político-administrativos, e que, nos países em que o caráter histórico predominou, eles estagnaram ou não progrediram.

> O Arquivo Nacional, raras vezes ou nunca, mereceu a atenção governamental – porque foi excessivamente histórico, e por isso desvalorizou-se. Seu remoçamento depende do estabelecimento de objetivos político-administrativos, e subsidiariamente históricos [1959:64].

Em 1960 foi a vez de Schellenberg, vice-diretor dos arquivos nacionais dos Estados Unidos, que elaborou um relatório chamado "Problemas arquivísticos do governo brasileiro", apresentado ao diretor do Arquivo Nacional. Em muitos aspectos, o texto corrobora o de José Honório Rodrigues.

A autoridade do Arquivo Nacional em relação aos documentos públicos não era inteiramente reconhecida, e suas funções incompreendidas, como verificou Schellenberg. Ele encontrou, no âmbito federal, três tipos de instituição arquivística: além do Arquivo Nacional, os arquivos ministeriais, como os dos ministérios da Guerra e das Relações Exteriores, e depósitos em outras repartições governamentais, chamados arquivos, mas que não passavam de salas centrais de arquivamento.

Entre as recomendações de Schellenberg estava a adoção de disposições legais. Em sua opinião, o governo do Brasil deveria promulgar legislação semelhante à de outros países que regulasse a remoção imprópria e a destruição de documentos públicos. Outras recomendações envolviam planos para destinação, depósito intermediário, entre outras. A questão do acesso aos documentos não foi mencionada por Schellenberg como ponto a ser incluído na legislação.

No Brasil, assim como na maioria dos países latino-americanos, "perdurou o modelo de arquivo histórico do tipo tradicional, desvinculado dos interesses da administração pública e, por consequência, atendendo de forma insuficiente às demandas da pesquisa científica" (Jardim, 1988:33). Esse modelo subsistiu no Brasil, embora, a partir dos anos 1950, principalmente na América do Norte e na Europa, os arquivos públicos procurassem se aproximar das administrações em que estavam inseridos, com o propósito de intervir em sua realidade documental, otimizando recolhimentos, prestando serviços de arquivamento intermediário, colaborando na gestão dos arquivos correntes etc.

O Arquivo Nacional começou a demonstrar preocupação com sua atuação junto à administração pública na capital federal, segundo Jardim, ao instalar uma Divisão de Pré-Arquivo em Brasília. Porém, na sede, no Rio de Janeiro, não houve o mesmo cuidado: "O Arquivo Nacional prosseguiu sua centenária trajetória ignorando sua função como órgão de apoio à administração pública" (Jardim, 1988:34).

Na década de 1980, um conjunto de ações – que incluiu uma equipe com formação teórica e prática, desenvolvimento de projetos de gestão, de cursos e seminários, publicação de manuais, prestação de serviços de assistência técnica, entre outras – foi capaz de demonstrar resultados: "O conjunto dessas ações propiciou a maior proximidade entre o Arquivo Nacional e os demais órgãos federais, tornando a instituição mais visível ao administrador público e ao governo como órgão responsável pelos documentos federais" (1988:35).

Em seu trabalho de 1988, Kecskeméti discorre sobre a situação do Arquivo Nacional em 1980 – de acordo com suas palavras, "catastrófica" (em relação a instalações físicas, recursos humanos, verba, respaldo jurídico etc.) – e as mudanças que se faziam indispensáveis. Na década de 1980, realizou-se um esforço no sentido de empreender essas mudanças, por meio de um programa de modernização.

Esse esforço rendeu frutos. Durante toda a década desenvolveu-se o projeto de modernização do Arquivo Nacional. Alguns progressos foram conquistados, tais como a mudança de sede, um incremento na formação da equipe (quadro técnico especializado), novos métodos de trabalho, um amplo debate relativo à Lei de Arquivos, promulgada em 1991, a inclusão da questão da informação na Constituição de 1988, entre outros temas. Mudanças significativas no Arquivo Nacional marcaram a década de 1980.

No final dessa década, mais um diagnóstico sobre a situação dos arquivos foi elaborado pelos técnicos da Divisão de Pré-Arquivo do Arquivo Nacional. Segundo Jardim, no que se refere ao âmbito federal, este foi um dos relatórios mais completos, mesmo levando-se em conta que o universo pesquisado foi o do Poder Executivo (1997:7). Os resultados indicaram a existência de aproximadamente 100 mil metros nestes órgãos, sendo cerca de 60 mil no Rio de Janeiro e 40 mil em Brasília. Apenas 11% dos órgãos permitiam o acesso do público às informações sob sua guarda, e o usuário predominante provém da própria administração federal. A partir deste diagnóstico, é possível chegar à seguinte esquematização:

QUADRO 2. USUÁRIOS DE ACERVOS ARQUIVÍSTICOS DOS ÓRGÃOS DO PODER EXECUTIVO FEDERAL EM BRASÍLIA E NO RIO DE JANEIRO

Usuários	Público em geral	Estudantes	Pesquisadores científicos	Servidores (outros órgãos)	Servidores (do próprio órgão)
Brasília	8%	11%	9%	24%	48%
RJ	11%	11%	7%	12%	59%

A década de 1990 marcou o deslocamento da ênfase nas instituições arquivísticas para o destaque nas universidades, quanto à configuração do campo arquivístico.

> Nesse período pôde-se observar [...] a desmobilização das instituições arquivísticas, inclusive do Arquivo Nacional. Esse fenômeno faz parte do sistemático desmonte das estruturas administrativas do Estado brasileiro, dentro do quadro neoliberal de Estado mínimo, desmonte que atingiu níveis de absoluta irresponsabilidade no governo Collor, mas que não sofreu reversão nos governos subsequentes. Isso gerou um êxodo de quadros das instituições arquivísticas para a universidade e para outras instituições de informação. O esvaziamento das instituições arquivísticas acarreta certa perda de identidade na área, pois se trata de um campo de conhecimento que visa atender às demandas da administração pública em diferentes períodos e em diferentes circunstâncias políticas. Em contrapartida, assiste-se à consolidação do Conselho Nacional de Arquivos, que hoje exerce um papel de liderança, embora mais na busca de soluções normativas do que na formulação e implementação de uma política nacional de arquivos [Fonseca, 2005:72].

O Conselho Nacional de Arquivos foi criado pelo art. 26 da Lei nº 8.159/91 e regulamentado pelos decretos nº 1.173, de 29 de junho de 1994, e nº 1.461, de 25 de abril de 1995. É um órgão colegiado, vinculado ao Arquivo Nacional, que tem como objetivo definir a política nacional de arquivos públicos e privados e exercer orientação normativa visando à gestão de documentos e à proteção especial aos documentos de arquivo.

Além da esfera federal, há as instituições arquivísticas nas esferas de atuação de estados e municípios. Até a segunda metade da década de 1990, não eram muito precisas as informações sobre essas instituições arquivísticas. Diversas iniciativas desenvolvidas pelo Arquivo Nacional a partir de então permitiram maior conhecimento sobre elas. No caso dos arquivos estaduais, 20% foram criados no século XIX, 27% na primeira metade do século XX e 46% na segunda metade, conforme esclarece Maria Regina Côrtes (1996:73). Como se pode ver, apesar de já haver algumas instituições, não havia muito material a esse respeito, nem informações precisas. Na década de 1990, a pesquisa acadêmica contribuiu para aumentar o conhecimento sobre elas.

Em 1996, realizaram-se duas pesquisas muito significativas sobre o assunto, pela abrangência, profundidade e seriedade. Uma delas tinha como objeto os arquivos municipais, a outra, os estaduais. Ambas foram esclarecedoras e pioneiras. Sobre os arquivos municipais, a pesquisa foi desenvolvida por Maria Odila Fonseca, sobre os estaduais, por Maria Regina P. Armond Côrtes, e apresentaram um panorama amplo e detalhado sobre o assunto.

Outra investigação sobre arquivos municipais foi realizada em 2002, seguindo a mesma linha das pesquisas mencionadas, tendo como universo o estado de Santa Catarina. Segundo Daise Aparecida Oliveira, não existem estimativas oficiais de quantos municípios brasileiros possuem arquivos públicos. Ela cita a pesquisa de Fonseca e um levantamento realizado pelo Grupo de Trabalho constituído pelo Conselho Nacional de Arquivos (Conarq), com o objetivo de identificar o número de arquivos municipais institucionalizados. Esse levantamento identificou (1999:4):

QUADRO 3. NÚMERO E PERCENTAGEM DE MUNICÍPIOS E DE ARQUIVOS MUNICIPAIS EM ESTADOS DO BRASIL

	Bahia	Santa Catarina	Rio de Janeiro	São Paulo	Rio Grande do Sul	Minas Gerais	Paraná
Municípios	415	293	91	645	467	853	399
Arquivos	45	24	4	9	5	3	0
%	10,84	8,19	4,39	1,39	1,07	0,35	0

Na pesquisa empreendida por Côrtes em 1996 em relação aos arquivos estaduais, dos 25 existentes no país, foram obtidas 15 respostas no total, ou seja, 60% dos arquivos responderam ao questionário.

Analisando as respostas, a autora constatou:
- Inserção dos arquivos na estrutura do governo estadual: 47% são subordinados à Secretaria de Cultura e 40% à Administração. Porém, a maioria já esteve sob diversas subordinações administrativas desde sua criação.
- Acervo: apenas quatro instituições têm tudo identificado, só duas têm tudo arranjado. Do volume total dos acervos, 63,7% estão sem arranjo e dois arquivos têm 90% do acervo sem arranjo. Os motivos alegados para isso são a falta de material, de pessoal, de recursos e equipamentos, entre outros.

Em relação aos instrumentos de pesquisa, 50% dos arquivos têm guias e 73% têm inventário. Sobre o assunto, Côrtes (1996:84) afirma:

O recolhimento periódico de documentos não tem acontecido nas instituições arquivísticas estaduais do Brasil. Tarefa difícil, uma vez que não existe programa de gestão documental devidamente implantado e muito menos tabela de temporalidade, requisitos básicos para um recolhimento sistemático e racional. [...] Em função disso, grande quantidade de documentos ainda se encontra armazenada em depósitos dentro dos diversos órgãos da administração pública, contendo informações da maior relevância e totalmente fora das possibilidades de acesso de qualquer cidadão brasileiro, ou mesmo do próprio administrador. Apesar de garantido por instrumento constitucional, o acesso às informações dentro desses depósitos torna-se inviável pela falta de controle de seu conteúdo e a própria localização física desses documentos, apropriadamente apelidado pelos diversos órgãos de "arquivo morto", pois, da forma em que se encontram, não servem a ninguém.

A autora acrescenta que isso acontece não só nos órgãos da administração pública, mas também nas instituições arquivísticas analisadas, onde é enorme o volume de documentos armazenados em depósitos, ainda sem identificação e sem arranjo.

- Recursos humanos: falta de pessoal qualificado e especializado. Não há profissional com curso superior em arquivologia em nenhuma instituição.
- Instalações físicas – espaço físico: 73% das instituições consideram que o espaço físico não é adequado e 20% não possuem sala de consulta.
- Qualificação dos usuários: 1. pesquisador acadêmico; 2. estudante universitário; 3. cidadão em busca de documentos probatórios.

Segundo a autora, "observa-se que, mesmo sob custódia dos arquivos públicos estaduais, grande parte dos documentos está totalmente fora de acesso ao usuário de arquivo, pois um conjunto documental não identificado ou não arranjado inviabiliza a consulta" (1996:88). Ela acrescenta que estão na mesma situação os documentos que se encontram nos depósitos, e reitera que não há lei que libere os documentos quando é impossível localizá-los. E conclui: "Estes dados revelam que as instituições arquivísticas não têm, hoje, infraestrutura, recursos financeiros, humanos ou tecnológicos suficientes para cuidar de seus acervos e torná-los acessíveis" (1996:88).

No trabalho de Fonseca, realizado em 1996, para delimitar o universo a ser pesquisado, foram escolhidos os arquivos municipais das capitais dos estados brasileiros. Das 27 capitais, 11 tinham arquivos municipais, e oito deles responderam à pesquisa, que chegou aos seguintes resultados:
- Inserção dos arquivos na estrutura do governo municipal: mais de 85% dos arquivos nas secretarias de Cultura (não são vistos como órgãos básicos da administração) e só um vinculado à Secretaria de Administração – porém, ocupa a posição hierárquica mais baixa de todos, o que dificulta a implantação de uma política eficiente de arquivos.
- Orçamento: nenhum dos órgãos tem orçamento próprio.
- Acervo: baixo índice de recolhimentos, sem qualquer organização.

Essas constatações indicam

> uma política assistemática e casuística de entrada de documentos nos arquivos, empobrecendo seus acervos. [...] Mesmo para a pesquisa histórica, vista como a "menina dos olhos" das instituições arquivísticas de moldes tradicionais, os acervos disponíveis são muito pobres [Fonseca, 1996:139].

Mais da metade das instituições que responderam à pesquisa reconhece que os acervos não estão totalmente arranjados e descritos, o que significa fora de acesso público.
- Recursos humanos: ao todo 129 funcionários, menos da metade com nível superior.
- Instalações físicas: instalações precárias, e os dados revelam um quadro grave de insuficiência de espaço físico adequado.
- Usuários: 57,14% dos arquivos têm média inferior a dois usuários por dia; 14,28% revelam média superior a 20 usuários por dia.
- Qualificação dos usuários: 1. cidadãos em busca de documentos probatórios; estudantes universitários, pesquisadores acadêmicos; 2. funcionários da prefeitura, estudantes de 1º e 2º graus; 3. autoridades municipais, gabinetes dos prefeitos; 4. imprensa.

A autora conclui:

> Assim, a partir dessas considerações pode-se concluir que o nível de exercício do direito à informação, representado nesta pesquisa pelas condições de acesso aos arquivos públicos municipais, é bastante baixo no que se refere às informações arquivísticas da esfera pública [1996:142].

A pesquisa já mencionada, que tem como objeto os arquivos municipais do estado de Santa Catarina, foi apresentada em 2002, no I Congresso Internacional de Arquivos, Bibliotecas, Centros de Documentação e Museus (Integrar), em São Paulo. Dos 25 arquivos municipais, o que corresponde a 8% dos municípios do estado, 17 responderam às questões de Ohira e Martinez. Os resultados não são muito diferentes dos do trabalho sobre arquivos municipais, que elegeu como amostra os arquivos das capitais. As autoras constataram:

- Inserção dos arquivos na estrutura do governo municipal: seis deles são subordinados à Secretaria de Cultura e/ou fundação cultural do município; cinco estão subordinados à Secretaria de Educação, Cultura e Esporte; dois estão subordinados à Secretaria de Administração; os demais não informaram a subordinação.
- Acervo: possuem 15% do acervo a ser identificado, 20% do acervo não organizado e cerca de 50% do acervo já arranjado.
- Consulta: todos os arquivos incluídos na pesquisa utilizam a consulta local, embora se diagnosticasse que 53% deles não têm sala de consulta específica para esse fim. Outras formas de atendimento foram citadas, tais como correio, fax e telefone. O e-mail é pouco usado, refletindo, assim, a baixa utilização dos recursos criados pelas tecnologias de comunicação e informação.
- Qualificação dos usuários: indicados com maior índice os cidadãos em busca de documentos probatórios, pesquisadores e professores universitários, estudantes de ensino médio e funcionários da prefeitura. As autoridades públicas não foram citadas, apesar de serem responsáveis pela formulação de políticas para seus municípios.

- Assuntos mais pesquisados: busca de informações sobre a história dos municípios, seguida por documentos administrativos da prefeitura municipal e consulta do acervo fotográfico.

Segundo as autoras:

> Observou-se que há restrições de acesso aos documentos, sendo apontadas como principais razões para impedimento de consulta, em primeiro lugar, com a mesma proporção, o estado precário de conservação dos documentos e o fato de o acervo estar em fase de organização, seguido da falta de identificação do acervo. Outro motivo alegado por dois arquivos foram razões legais, por se tratar de documentos intermediários do fundo de justiça/judiciário, e um arquivo alegou se tratar de documentos sigilosos. Pelos motivos apontados, conclui-se *que grande parte dos documentos está totalmente fora de acesso ao usuário de arquivo, uma vez que um conjunto documental em fase de organização e não identificado inviabiliza a consulta.* Estes dados revelam que as instituições arquivísticas não têm, hoje, infraestrutura suficiente para cuidar de seus acervos e torná-los acessível [Ohira e Martinez, 2002:348, grifo das autoras].

A Fundação Histórica Tavera, da Espanha, desenvolveu uma pesquisa sobre os arquivos brasileiros a pedido do Banco Mundial, para apresentar à Mesa-Redonda Nacional de Arquivos, realizada no Rio de Janeiro, em 1999. Embora alguns pontos de sua metodologia tenham sido questionados, a pesquisa revelou resultados que devem ser levados em consideração e que se assemelham aos dos trabalhos já citados. Aqui são examinados apenas os dados referentes aos arquivos estaduais e municipais, entre os que o levantamento incluiu.

QUADRO 4. PERCENTUAL DE RESPOSTAS AOS QUESTIONÁRIOS ENVIADOS AOS ARQUIVOS ESTADUAIS E MUNICIPAIS

	Questionários enviados	% de respostas
Estaduais	28	60,7 (17)
Municipais	14 (0,25% dos 5.507 municípios brasileiros)	71,4 (10)

- Orçamento: as instituições municipais são as que apresentam maior carência de recursos.
- Acervo: menos da metade dos arquivos pesquisados possui mais de 50% de seus fundos[6] inventariados (em especial precários nos arquivos municipais). Os arquivos que possuem instrumentos de pesquisa muitas vezes não abrangem a totalidade da documentação. Na maioria deles, esse material não está informatizado. Muitos deles são manuscritos e inéditos (o que dificulta a difusão).

---

[6] "Fundo de arquivo é o conjunto de documentos de toda natureza que todo corpo administrativo, toda pessoa física ou jurídica reuniu automática e organicamente, em razão de suas funções ou de sua atividade. Isto é, dele fazem parte os rascunhos e/ou as duplicatas dos documentos expedidos e os originais e/ou cópias de peças recebidas, tanto quanto os documentos elaborados em consequência da atividade interna do organismo considerado e os documentos reunidos por sua própria documentação, assim como os conjuntos eventualmente herdados de outros organismos aos quais sucede totalmente ou em parte" (*Manual francês de arquivística*, apud Bellotto, 1991:79).

QUADRO 5. PERCENTUAL DE FUNDOS DOCUMENTAIS INVENTARIADOS NOS ARQUIVOS ESTADUAIS E MUNICIPAIS

Arquivos	0%	1%-25%	25%-50%	50%-70%	+ de 70%
Estaduais	1	2	3	2	7
Municipais	–	1	2	2	2

- Recursos humanos: mencionam-se dificuldades enfrentadas pelas instituições públicas para contratar pessoal, fundamentalmente por causa do contingenciamento orçamentário, mas também porque o ingresso de novos funcionários está sujeito à realização de concursos públicos, paralisados havia vários anos. Nos arquivos estaduais, 64% dispunham de mais de 20 funcionários e dois tinham menos de 10. Constatou-se como grave problema a carência de profissionais com capacitação arquivística.

QUADRO 6. NÚMERO DE EMPREGADOS NOS ARQUIVOS ESTADUAIS E MUNICIPAIS

	1-10	11-20	Mais de 21
Estaduais	2	4	11
Municipais	6	1	2

- Instalações físicas: falta de espaço para receber documentos.
- Quantidade de computadores: baixo uso de equipamentos; a carência de equipamentos é maior entre os arquivos municipais (45%).

QUADRO 7. QUANTIDADE DE MICROCOMPUTADORES (PC) NOS ARQUIVOS ESTADUAIS E MUNICIPAIS

PC	Não possui	1-5	6-10	Mais de 10
Estaduais	2	10	3	2
Municipais	4	5	–	–

A disponibilidade de equipamentos informáticos modernos determina o acesso à internet.

- Acesso à internet: baixo percentual de instituições com acesso à rede (municipais, zero; estaduais, 33%).
- Divulgação: publicaram nos últimos cinco anos quase 100% dos arquivos estaduais, 33% municipais; fizeram exposições nos últimos cinco anos 60% estaduais, 44% municipais. A falta de verba e de espaço são os principais motivos alegados pelas instituições que não promovem exposições e/ou publicações.

O relatório da Fundação Histórica Tavera elucida que a realidade dos arquivos brasileiros é desigual, dependendo das regiões, das condições materiais e humanas e das políticas de cada Estado. Entre as recomendações que formulam, estão:

- Continuar a promover iniciativas de ações para recuperar e melhorar os arquivos municipais. [...]
- Promover a divulgação da importância dos arquivos nos meios de comunicação brasileiros, tanto na imprensa quanto nos meios audiovisuais [Tavera, 1999:40-1].

Torna-se evidente uma preocupação específica com a situação em que se encontram os arquivos municipais, bem como com a necessidade de se mudar a imagem dos arquivos ante a opinião pública:

As condições de acesso público constituem fator de especial relevância no momento em que se tenta conseguir um maior grau de conscientização da sociedade em relação ao papel dos arquivos e arquivistas, como instituições e profissionais que zelam pela salvaguarda e difusão da memória histórica da nação. Os arquivos públicos têm como competências principais não só salvaguardar o patrimônio documental do país, como também facilitar o acesso dos pesquisadores e cidadãos aos fundos custodiados, tendo em conta a legislação vigente em matéria de documentos sigilosos e a preservação dos mesmos [1999:38].

As quatro pesquisas aqui analisadas tiveram por objeto arquivos municipais e/ou estaduais, e pretendiam traçar um diagnóstico da situação dessas instituições arquivísticas no Brasil. Ainda que as primeiras sejam de 1996 e a mais recente de 2002, os resultados não apresentaram grandes divergências. Eles demonstram que as instituições arquivísticas municipais e estaduais brasileiras não têm o acervo tratado em sua totalidade no que diz respeito ao arranjo e, em alguns casos, à identificação. É precária também a situação no que se refere à existência de instrumentos de pesquisa. As dificuldades na área de tratamento técnico são consequência da falta de infraestrutura de um modo geral (material, recursos, equipamentos, espaço) e sobretudo da carência de recursos humanos, em especial de profissionais com capacitação arquivística. Foi apontada também a falta de recolhimento periódico, de programas de gestão de documentos e de tabela de temporalidade. Em muitos casos, há acervos sem possibilidade de acesso físico, por estarem acumulados em depósitos que não oferecem condições para consulta. Em outros, o simples fato de o acervo não estar identificado ou arranjado e a inexistência de instrumentos de pesquisa impossibilitam o acesso. Tais problemas dificultam e em alguns casos impedem o acesso à informação arquivística nas instituições, de modo independente e anterior ao advento da internet.

Até o fim da década de 1980, todos os relatórios abordavam a questão legal como suporte para uma política de arquivos no país. Os autores eram unânimes em relação à necessidade de criação de instrumentos legais para dar legitimidade às ações a serem empreendidas. A Constituição de 5 de outubro de 1988 alterou o panorama da informação arquivística no Brasil no que diz respeito a vários aspectos. A Constituição Federal brasileira determina que todo cidadão tem direito à informação e, além disso, que a administração pública é responsável pela gestão da documentação governamental e pelas providências necessárias para franquear a consulta. Pela primeira vez uma Constituição reconhecia o direito do cidadão à informação, assim como o dever do Estado de gerir seus documentos.

Esse fato viabilizou a elaboração posterior de uma legislação específica para a questão arquivística, a Lei nº 8.159, de 8 de janeiro de 1991 (que dispõe sobre a política de arquivos públicos e privados e dá outras providências). Essa lei foi extremamente importante, pois poderia servir de base para o desenvolvimento da política de arquivos no país. Mais tarde, outros instrumentos foram elaborados no sentido de regulamentar a lei (decretos-lei, decretos, resoluções, instruções normativas, entre outros).

A Lei nº 8.159 regulamenta os dispositivos constitucionais antes citados, apresenta definições para vários termos da atividade arquivística, tais como arquivos, gestão de documentos, arquivos públicos, arquivos privados, documentos correntes, documentos intermediários, documentos permanentes etc. Prevê sigilo em relação a determinadas categorias de documentos, estabelece o Conselho Nacional de Arquivos (Conarq) como órgão central do Sistema Nacional de Arquivos, e ainda atribui ao Arquivo Nacional poderes legais, em termos normativos e/ou operacionais, sobre a gestão da informação arquivística. Apesar da existência dessa base legal, sem a qual o cidadão não tem assegurado seu direito à informação arquivística, não existe uma garantia para uma política legal relativa à questão.

O acesso à informação pública é garantido no Brasil tanto na Constituição Federal quanto em textos legais complementares. Há, entretanto, uma distância muito grande entre o preceito da lei e a prática dos arquivos, tanto os de gestão quanto os históricos. Uma grande percentagem de fundos documentais não organizados ou sem um adequado tratamento técnico dentro dos arquivos públicos e arquivos correntes sem códigos de classificação e tabela de temporalidade são constantes na realidade da administração pública. Tal deficiência representa o principal fator de dificuldade para o pleno exercício do direito do cidadão de acesso à informação [Silva, 1999:10].

Nesse mesmo sentido, afirma Jardim:

A noção de acesso à informação relaciona-se, portanto, a um direito, mas também a dispositivos políticos, culturais, materiais e intelectuais que garantam o exercício efetivo desse direito. O acesso jurídico à informação não se consolida sem o acesso intelectual à informação. O acesso jurídico à informação pode garantir ao usuário o acesso físico a um estoque informacional materialmente acessível (um "arquivo" no subsolo de um organismo governamental, por exemplo), sem que seja possível o acesso intelectual, dada a ausência de mecanismos de recuperação da informação. As experiências internacionais e em especial o caso brasileiro deixam claro que não se viabiliza o direito à informação governamental sem políticas públicas de informação [Jardim, 1999a:3].

A importância da estrutura legal é indiscutível, embora não seja suficiente para resolver os problemas de acesso, que já vêm de longa data e são, de forma consensual, mencionados pelos autores brasileiros estudiosos do assunto.

As pesquisas empreendidas junto às instituições arquivísticas após a implementação das leis demonstram que não houve mudança substancial em relação ao quadro verificado anteriormente. Conhecer a situação das instituições, suas características e a abrangência de sua atuação é fundamental para a análise do trabalho dessas entidades na rede.

Instituições e informações arquivísticas na internet

A internet como espaço informacional oferece inúmeras novas possibilidades aos arquivos. É importante, portanto, abordar as características desse novo espaço, algumas experiências de instituições e informações arquivísticas na internet e outras questões correlatas, como a construção e avaliação dos sites.

As instituições arquivísticas se deparam com um desafio, o da era das redes eletrônicas, que virá a se somar às suas atividades anteriores. Diante das novas tecnologias da informação, que possibilitam as redes eletrônicas, é de fundamental importância repensar todas as ações teórico-práticas que condicionariam os arquivos. Faz-se imperativo questionar suas premissas de gestão e difusão de documentos mediante a disponibilização de seu acervo na internet.

A disponibilização de acervos arquivísticos na rede apresenta muitas vantagens: facilitar o acesso, atingir um público maior, ampliar o atendimento aos pesquisadores, permitir pesquisas, aumentar a divulgação, entre outras. Cabe, portanto, recorrer a elas. Sobre as mudanças causadas pela ampliação das tecnologias da informação, em especial a internet, as novas práticas de produção, transferência e uso da informação e a emergência de espaços informacionais virtuais, Jardim ressalta alguns aspectos:

1. As atuais tecnologias da informação fomentam um "espaço virtual" com funcionamento e características próprios, que produzem novas configurações de produção, fluxo e acesso à informação.
2. A internet é um não lugar, um fluxo multimídia incessante, rompendo com a linearidade da escrita e tendo como principais características a mutação e a multiplicidade.
3. O conceito de "lugar" torna-se secundário para o profissional da informação e para os usuários.
4. *Onde* a informação se encontra não é o mais importante, e sim o *acesso à informação*.
5. A ênfase na gestão da informação desloca-se do acervo para o *acesso*, do estoque para o *fluxo da informação*, dos sistemas para as *redes*.
6. O conceito de "tempo" também se altera, tornando-se "relativo". O conceito local de tempo torna-se secundário (Virilio). A instantaneidade passa a ser a palavra de ordem: trata-se de "velocidades qualitativas e espaço-tempo mutantes" (Lévy).
7. Instituições como arquivos, bibliotecas e centros de documentação adquirem novas vocações, renovam funções que lhe são históricas e superam outras.
8. Sob a banalização das tecnologias da informação, os usuários (ao menos os não excluídos do acesso às tecnologias da informação) produzem novas demandas aos arquivos, bibliotecas, centros de documentação, e provocam a realocação ou supressão de fronteiras que demarcam esses espaços.
9. A tendência às alterações nas formas de gerenciar, disseminar a informação e administrar os recursos a ela relacionados (humanos, tecnológicos etc.) é um processo lento, complexo e contraditório, em especial no caso dos países dependentes.
10. Emergem espaços informacionais virtuais (bibliotecas, arquivos etc.) cuja existência, longe de excluir as instituições documentais

tradicionais, sugere-lhes novas possibilidades de gestão da informação [1999a:1-2, grifos do autor].

As instituições arquivísticas estão em novo cenário: seus sites na web, considerada um "não lugar", onde a informação é desterritorializada e apresenta características como a ubiquidade e a simultaneidade (Lévy, 1996:21).

Há uma diversidade de abordagens em relação à terminologia, no que diz respeito a sites e páginas. Serão aqui adotados alguns termos que desde logo cabe definir. "Site (literalmente, 'sítio') é o conjunto de documentos de uma localidade ou instituição, formatados em html, colocados à disposição dos usuários da internet" (Unesp, 2000:2); "página web, ou simplesmente página, é qualquer documento formatado em html de um site ou de um servidor www" (2000:2).

O estabelecimento de um site trará significativo aumento da atuação das instituições arquivísticas:

> O website de uma instituição arquivística deve ser visto como um instrumento de prestação de serviços – dinâmico e atualizável –, e não simplesmente como a reprodução de um *folder* institucional. Trata-se, na verdade, de um espaço virtual de comunicação com os diferentes tipos de usuários da instituição a ser gerenciado como parte da política de informação da instituição. Dado o potencial e as características da internet, este espaço, além de redefinir as formas de relacionamento com os usuários tradicionais, poderá atrair outros que, por várias razões, difícil ou raramente procurariam o arquivo como realidade física [Diretrizes Gerais..., 2000:4].

Os cuidados tomados na fase da construção de um site serão importantes depois, por ocasião do acesso pelos visitantes, facilitando a navegação e o uso. "Trata-se, no caso, de construir uma interface amigável e interativa, que traduza as funções das instituições arquivísticas na diversidade de um ambiente como a internet" (Jardim, 2002:4).

Na construção dos sites devem ser considerados elementos relativos aos conteúdos gerais e específicos dos arquivos, e os referentes a seu desenho e estrutura. O documento "Diretrizes para a construção de websites de instituições arquivísticas" (2000) foi elaborado por um Grupo de Trabalho instituído pelo Conarq e coordenado por José Maria Jardim, a partir de uma recomendação da Mesa-Redonda Nacional de Arquivos (1999), o que revela a preocupação dos profissionais da área e a importância de se ter um documento que forneça referencial básico em relação ao assunto.

É indispensável que se tenha, nas instituições arquivísticas, pessoal apto a desenvolver as atividades de construção e gerência de websites, para um bom aproveitamento da internet como mais um espaço de transferência e uso da informação. Segundo Maria de Lourdes Ohira e colaboradores:

> A criação de sites de qualidade, com conteúdos relevantes e que realmente atendam aos interesses de seus visitantes, é um aspecto a ser considerado diante da amplitude e diversidade de sites existentes na internet. Portanto, devem ser constantemente monitorados e avaliados no sentido de garantir que utilizem todos os recursos oferecidos pela web, tanto para a promoção institucional quanto para divulgação dos seus serviços e produtos, assim como para interagir e se relacionar com os usuários, garantindo que todos os esforços sejam direcionados para a obtenção de resultados efetivos [Ohira et al., 2003:15].

Partindo da premissa de que os sites devem ser avaliados, esses autores desenvolveram uma pesquisa com o objetivo de criar critérios para proceder a esse tipo de análise em sites de instituições arquivísticas. Utilizaram como base as "Diretrizes" do Conarq para construção de sites, comparando pontualmente esse texto a outros documentos sobre o mesmo tema. Os resultados indicaram que as diretrizes apresentadas para construção de sites podem também ser usadas em sua avaliação.

Tendo como objetivo subsidiar a avaliação de fontes de referência na internet, pesquisadores da Universidade de Londrina elaboraram um projeto de pesquisa e, após dois anos de estudos teóricos, enquetes na rede e testes em projeto piloto, desenvolveram critérios de qualidade, dispostos em 10 grandes itens.

Há cerca de uma década, fonte de informação era sinônimo de documento impresso; hoje, a grande maioria das fontes está disponível em meios eletrônicos. Fontes primárias e secundárias encontram-se disseminadas na web. Porém, em razão de seu crescimento exponencial, torna-se necessário o desenvolvimento de mecanismos que possibilitem uma utilização otimizada dos recursos disponíveis.

A pesquisa principal da Universidade de Londrina, voltada para o estudo das novas fontes de informação disponíveis na internet, abrigou, orientou e validou vários subprojetos para os diversos tipos de fonte: dicionários e enciclopédias, portais verticais, apontadores, fontes de informação industrial, software para unidades de informação e fontes de informação pública. A avaliação destas últimas na internet constituiu um dos subprojetos da pesquisa principal, e concentrou sua atenção nos órgãos governamentais e não governamentais.

Um dos critérios avaliados foi a estrutura de hipertexto e hipermídia, características inerentes dos documentos disponíveis na internet, que, do contrário, seriam apenas documentos de um formato (impresso) transposto para outro (eletrônico). De fato, "os sites encontrados estavam estruturados quase sempre em uma única mídia, além de ser irrelevante a quantidade de serviços oferecidos". Não há preocupação em adequar as fontes ao novo espaço (Almeida Júnior, 2004:143).

A pesquisa constata a carência de informações públicas disponibilizadas na rede, porém reconhece que poucas são as informações desse tipo oferecidas nos espaços informacionais concretos, situação transposta para o âmbito virtual. O autor presume que uma das explicações possíveis para a ausência desse tipo de informação nos sites pesquisados é que a grande maioria da população não faz uso das redes virtuais, porque isso requer conhecimentos básicos muito além dos comumente partilhados na maior parte da sociedade.

As instituições arquivísticas estão utilizando de modo crescente esse gênero de serviço virtual por meio de sites na internet. Contudo, é importante deixar claro que existem diversos tipos de site contendo informação arquivística disponíveis na rede além do universo aqui delimitado. Outras pesquisas ocuparam-se do assunto, e serão expostas a seguir algumas dessas abordagens.

Em 1998, era ainda escassa a bibliografia e os estudos sobre o assunto. Uma investigação foi desenvolvida, com o objetivo de analisar o tipo de informação que os arquivos podem oferecer pela internet, realizada por dois autores espanhóis, Lorenzo-Cáceres e Bonal Zazo, que escolheram o Canadá como universo. Entre os principais motivos dessa opção destacavam-se o bom desenvolvimento desse país no trabalho arquivístico e o fato de ter alto número de arquivos on-line. A análise observou o aspecto da adequação às normas de descrição arquivísticas usadas no Canadá.

Os autores localizaram 93 sites correspondentes a diferentes tipos de arquivos assim distribuídos: arquivos universitários e de instituições científicas (45); arquivos municipais (25); arquivos provinciais e nacionais (13); arquivos religiosos (10). Dos sites analisados, 33 (35,5%) utilizam as Regras de Descrição de Documentos de Arquivo (RDDA) como formato de apresentação da informação sobre seus fundos na internet, o que facilita o acesso à informação.

Na segunda parte da pesquisa, Lorenzo-Cáceres e Bonal Zazo constataram a existência de dois projetos provinciais (British Columbia e Alberta) e um projeto nacional para a criação de uma Rede Canadense de Informação Arquivística, e descreveram dois desses projetos específicos de difusão da informação arquivística pela rede. Suas conclusões indicam que a criação das bases de dados comuns a vários arquivos tem sido um dos mais importantes fatores a contribuir para padronizar a apresentação da informação por normas de descrição; e que a experiência da formulação de catálogos coletivos é uma demonstração das possibilidades que as redes de comunicação oferecem para o intercâmbio e difusão da informação arquivística.

Uma experiência pouco frequente foi apresentada em 2001, no Seminário Virtual de Información para Archivos, Bibliotecas y Museos, em Lima. Trata-se do relato de caso sobre a Universidade de Castilla-La Mancha (Espanha), onde o Arquivo Geral Universitário e sua página na web foram planejados simultaneamente e começaram a funcionar logo em seguida um do outro.

A Universidade de Castilla-La Mancha foi criada em 1985, tendo sido pioneira na aplicação de novas tecnologias. O serviço de arquivo deveria adaptar-se à cultura da organização, uma vez que a ferramenta permite diversificar, melhorar e expandir seu âmbito de atuação, ampliando o número de usuários e promovendo a maior satisfação de suas demandas. O arquivo universitário, portanto, começou a funcionar em 1996, e sua página foi incluída na rede em 1998, consolidando-se a partir de 2000 (Gil García, 2001).

O arquivo foi desenhado com dupla dimensão, duas facetas de uma só realidade, que foram chamadas de serviço de arquivo real e serviço de arquivo virtual. Seu objetivo era fazer do site da web um novo produto informativo do Arquivo Geral Universitário, assim como um cenário de integração do real e do virtual – em suma, algo mais que um mero recurso publicitário para divulgar o arquivo real, embora também o seja.

Importava observar a integração do real e do virtual, pois o desenvolvimento do trabalho se deu simultaneamente à organização do "serviço de arquivo real":

> A página da web não podia desligar-se da realidade do Arquivo Geral Universitário, do arquivo que recolhe, organiza, conserva e difunde o documento e a informação, limitando-se a tornar pública, mais ou menos exaustivamente, sua existência e seus serviços [Gil García, 2001:7].

Pilar Gil García afirma que a finalidade básica era oferecer, pelo site, a descrição dos fundos documentais universitários, conforme sua incorporação ao arquivo, criando um sistema de informação acessível ao usuário da internet ou da intranet, permitindo a realização de buscas de modo simples, obtendo respostas rápidas e pertinentes, porém sem perder de vista o mais importante. "Não esqueçamos nunca de que no centro de tudo está o usuário: a rede está oferecendo a possibilidade de satisfazer as necessidades informativas não só do nosso mercado de usuários, que se amplia graças a ela" (2001:10).

O caso em questão pode ser considerado inovador, pois foram contempladas as possibilidades que as tecnologias oferecem no tratamento e difusão da informação, mas sobretudo o real e o virtual, as duas vertentes do mesmo serviço, foram planejados simultaneamente e vistos como complementares.

Objetivando um panorama mais amplo do assunto em questão, alguns sites de instituições arquivísticas internacionais foram analisados. São eles: Arquivo Nacional da Austrália, Arquivo Nacional do Canadá, Arquivo Nacional da França, Arquivo Nacional dos Estados Unidos e Arquivo Nacional da Inglaterra, País de Gales e Reino Unido. A escolha se deu em razão do desenvolvimento e da tradição no trabalho arquivístico desses países. Trata-se de instituições arquivísticas que têm sua atuação reconhecida na área, o que se pode verificar também nos respectivos sites.

As instituições arquivísticas internacionais apresentam, nos sites analisados, muitas características comuns, que não foram, contudo, mencionadas, para evitar repetições desnecessárias, uma vez que o objetivo aqui não é a comparação entre sites.

Arquivo Nacional da Austrália

Neste site é possível obter informações sobre acervo (quantificações, datas-limite etc.), a instituição (endereço, mapas, horário de funcionamento etc.) e como fazer uma pesquisa. A seção "Dando início; bem-vindo ao Arquivo Nacional" ensina as várias maneiras de obter a informação – telefone, fax, correio e correio eletrônico, além da ida à sala de leitura (é possível solicitar a consulta e agendá-la). É bem detalhada e tem várias orientações para o usuário quanto a: quem pode utilizar (qualquer pessoa); a disponibilidade dos documentos; o que deve ser feito antes da visita; quais são os compromissos da instituição em relação ao serviço; o que o usuário pode fazer se não estiver satisfeito; seus direitos; o modo de fazer reclamações; e esclarece ainda o que não é permitido ao usuário fazer. São explicados os motivos pelos quais o acesso pode ser negado e como apelar das decisões.

Na seção "O que são os arquivos?", há alguns esclarecimentos sobre o que são documentos de arquivo, como são selecionados, a diferença em relação ao material de biblioteca, o motivo por que não se pode ter acesso às estantes, a forma de arranjo por assunto; ela também ensina a encontrar os arquivos procurados e a utilizá-los. Há uma lista de grandes assuntos, como defesa, educação, genealogia, personalidades, entre outros. A página dispõe de bases de dados, instrumentos de pesquisa e orientações sobre como desenvolver a busca.

O catálogo principal descreve 4 milhões de documentos (10% da coleção) de 9 mil agências. A cada ano são acrescentadas centenas de milhares de novas descrições. O usuário tem a opção de consulta como visitante ou como usuário registrado; há também buscas em coleções fotográficas. Os instrumentos de pesquisas podem ser comprados, além de estarem disponíveis para download em formato PDF (Portable Document Format).

O site informa sobre publicações, calendário de exposições e eventos, e dispõe de trabalho educativo que inclui visitas guiadas, kits educativos e recursos on-line para turmas de estudantes, exposições itinerantes, eventos comunitários, além de uma seção específica para estudantes universitários. Exemplos de algumas outras seções: "Organização e staff", "Trabalhar no arquivo" (dá instruções para os que querem fazer parte da equipe), "Nossa história" e "Nossos tesouros".

Arquivo Nacional e Direção dos Arquivos da França

Estes dois sites se relacionam: o do Arquivo Nacional e o da Direção dos Arquivos da França. Esta última está subordinada ao Ministério da Cultura e Comunicação, e engloba os arquivos nacionais, regionais e departamentais, comunais, e ainda os organismos autorizados a gerir arquivos permanentes. O site da Direção dos Arquivos da França é maior; na página inicial, há um mecanismo de busca que permite explorar o conteúdo dos documentos html acessíveis nos sites da Direção dos Arquivos da França e nos centros dos arquivos nacionais. Além disso, divulgam-se algumas notícias recentes.

O Archim (*Arch*ives Nationales *Im*ages de Documents) permite consultar, pela internet, alguns documentos digitalizados que não podem ser manuseados, por serem frágeis (papiro, pergaminho, grandes formatos) e/ou preciosos. O site disponibiliza instrumentos de pesquisa on-line e bases de dados, lista dos fundos, informações sobre mapas e plantas, fotografias, biblioteca etc. Há seções de perguntas frequentes, valorização cultural (difusão cultural, científica e pedagógica, publicações), pesquisa genealógica, entre outras. Em algumas páginas não há a possibilidade de voltar para a principal, a não ser usando o recurso do browser.

O Arquivo Nacional da França tem cinco centros: Centro Histórico dos Arquivos Nacionais (Chan), com documentos anteriores a 1958, e arquivos dos chefes de Estado; Centro dos Arquivos Contemporâneos, com documentos posteriores a 1958; Centro dos Arquivos de Territórios de Além-Mar, que inclui documentos sobre as antigas possessões francesas de além-mar; Centro dos Arquivos do Mundo do Trabalho, com documentos de fundo de empresas, cooperativas, sindicatos e associações; Centro Nacional de Microfilme, das microformas originais dos documentos conservados nos outros centros (nacionais ou territoriais). A página inicial do site apresenta todos os centros em forma de link, para facilitar o acesso. O site tem toda a orientação sobre como fazer consultas, inclusive pela internet.

Os dois sites esclarecem sua estrutura nas primeiras páginas. Poucas seções estão também disponíveis em inglês. A maioria das páginas se abre em tópicos, com os assuntos em forma de links, desdobrando-os e abrindo, por sua vez, outra página com novos tópicos em links. Existem links nos dois sites que remetem a uma só página, assim como os que remetem para alguma seção do outro site, o que pode produzir confusão.

Arquivo Nacional do Canadá

Este site pode ser consultado em inglês ou francês e é o mesmo da Biblioteca Nacional. Tem duas ferramentas de busca on-line: o Archivia Net, para "documentos de arquivo", e o Amicus, para "documentos publicados". O primeiro é um inventário geral e permite a consulta por palavra-chave, título e número do documento em todas as fontes (documentos do governo, documentos privados) e em todos os níveis (fundos/coleções, séries, itens etc.). Ao fazer a escolha pelo Archivia.net, aparecem informações e seções sobre as informações arquivísticas. Algumas seções podem ser elencadas: "Nossa coleção" dá informações sobre o acervo, como tipo, quantificação etc.; "Serviços" explica sobre a visita, como consultar, pesquisa e referência etc.; "Usando o arquivo" é um guia para pesquisadores; "Primeiros passos" ajuda a situar o usuário em relação às especificidades da área, explica a diferença entre arquivo e biblioteca, a terminologia e os padrões arquivísticos, os instrumentos de pesquisa e pergunta sobre a real necessidade da visita, já que podem ser feitas consultas por e-mail e telefone; "Para arquivistas" oferece links de interesse para profissionais da área; "Centro de genealogia"; "Dicionário biográfico"; "Centro de aprendizagem", subdividido em "Para professores" e "Para estudantes"; e "Kit de ferramentas", tendo como alvo as crianças.

Arquivo Nacional da Inglaterra, País de Gales e Reino Unido

Este site também disponibiliza as informações iniciais sobre o trabalho e as visitas. Na primeira página, aparece em destaque a indicação do que é novo no website e os documentos mais populares disponíveis on-line. São oferecidos serviços para profissionais, recursos para professores, uma área "só para crianças", com jogos e atividades, entre outras seções. Existem sistemas de busca nas próprias coleções e em outros arquivos (hospital, migração etc.). O site tem uma loja virtual com produtos à venda (instrumentos de pesquisas, publicações etc.).

Arquivo Nacional dos Estados Unidos

Este site apresenta várias informações sobre as instalações físicas do Arquivo Nacional e os eventos que promove, tais como mapa do prédio, lojas, o funcionamento da galeria (com exibição de vídeo e exposição de documentos), o teatro e sua programação etc. Exibe, ainda, toda a estrutura de atendimento on-line. Entre os serviços possíveis estão as ferramentas de busca on-line e os documentos históricos disponíveis para consulta (Declaração de Independência, Constituição, entre outros), que podem ser visualizados. Também oferece centro de aprendizagem, com objetivo educacional e sala digital, com documentos da história norte-americana para aulas. Todos eles são bem-estruturados e têm informações detalhadas e abrangentes sobre a instituição no que diz respeito a seu funcionamento como o principal arquivo de uma nação; sobre seu histórico e seu acervo; sobre os meios para consultá-lo, sejam estes presenciais ou a distância, e sobre todos os serviços disponíveis pela web.

Dois dos sites – da França e do Reino Unido – permitem que o usuário preencha um cadastro para receber um informativo por e-mail. Os boletins são enviados periodicamente e constituem uma forma de contato entre a instituição e seus usuários. Eles atualizam o que há de novo no site, principalmente acervos, seções, programações alusivas a datas comemorativas e eventos, exposições etc., e mantêm o usuário em contato frequente com a instituição.

Os sites têm informações particularmente direcionadas ao público infantil, com projetos diferenciados, atividades específicas voltadas para as diversas faixas etárias, jogos, material para as pesquisas escolares etc. Este é um trabalho importante na formação do futuro usuário, iniciando a aproximação das crianças com os arquivos e criando um conceito positivo em relação às instituições arquivísticas. Proporcionam às crianças, que têm facilidade em lidar com computadores e internet, maior familiarização com o mundo dos arquivos.

Entre as possibilidades de consulta, os sites oferecem as tradicionais, por fundos, assim como busca por assuntos ou termos, o que amplia a chance de o usuário encontrar a informação desejada, ainda que não conheça a lógica da organização dos arquivos, seus quadros de arranjo, os fundos e a provável localização do que procura nessa estrutura. Trata-se de um meio de facilitar a aproximação da informação arquivística do universo do pesquisador.

Os sites apresentam grande número de opções e recursos que facilitam seu uso pelo pesquisador – são diversos tipos de instrumentos de pesquisa, bases de dados, além de formas de entrar em contato, tirar dúvidas, instruções detalhadas sobre o que fazer, como fazer etc. Estão disponíveis muitas orientações para as pessoas que demandam informação, facilitando aos leigos ou cidadãos comuns, sem conhecimento da área, a realização da consulta. O desenvolvimento da área arquivística em cada país fica claramente refletido nos sites de suas instituições.

O relatório da Fundação Histórica Tavera aponta como um dos aspectos fundamentais para analisar o desenvolvimento arquivístico de um país a determinação da quantidade e da qualidade do material tecnológico disponível nos arquivos. A conclusão a que se chegou com base nos dados coletados é que a situação no Brasil é desigual: 8% das instituições pesquisadas não dispõem de nenhum computador, cerca de 50% não dispõem de equipamentos modernos, o que faz com que tenham dificuldades para adaptar-se a novos softwares e para acessar a internet.

As instituições arquivísticas

A desigualdade evidenciada no relatório não diz respeito apenas ao material tecnológico, mas também aos outros aspectos da atuação das instituições arquivísticas. O fato de ele levantar dados sobre o assunto permite que se conheça a situação, o que é fundamental para que se possa planejar e empreender mudanças.

No que se refere ao acesso à internet no Brasil e ao seu uso, as informações disponíveis na época, de 2004 a 2005, não eram tão exatas, e ainda não havia um perfil detalhado e fidedigno do usuário. Pela necessidade de se obterem informações mais concretas sobre o uso da internet no Brasil, o Instituto Brasileiro de Geografia e Estatística (IBGE) incluiu em sua Pesquisa Nacional por Amostra de Domicílios (Pnad)[7] um módulo com 23 questões básicas sobre o uso de computadores pessoais e da internet, com o intuito de formular uma pesquisa regular sobre inclusão digital. Os primeiros resultados seriam divulgados em outubro de 2006, e a partir de então passariam a ser sistemáticos. A Pnad será precedida por outras pesquisas de menor alcance, pois o governo, as empresas e o comitê gestor da internet necessitam com urgência de dados mais precisos sobre inclusão digital no país (Vilardaga, 2005:3).

A maior exatidão das informações sobre o uso da internet será útil também para as instituições arquivísticas, a fim de que divulguem sua imagem, seus serviços e, finalmente, mudem seu relacionamento com o público, usufruindo todos os benefícios que a internet oferece.

---

[7] Levantamento feito em 130 mil municípios, sob rigorosos critérios do IBGE, a amostra da Pnad recorta o Brasil em cerca de 200 mil setores censitários, com 300 a 400 domicílios homogêneos em cada um.

3. A internet e as redes de comunicação

O conceito de redes é um dos pontos fundamentais para esta investigação sobre informação arquivística na internet – rede eletrônica que une telecomunicações e informática. Cabe, portanto, esclarecer o conceito de internet, a caracterização do seu ambiente, sobretudo como espaço de comunicação, e as alterações que ela vem provocando nos processos comunicacionais.

Redes: uma possível gênese conceitual

As abordagens relativas às redes compreendem enorme diversidade conceitual. Contudo, alguns elementos são continuamente sublinhados, como: pontos que mantêm relação entre si, conjuntos, elos, componentes, objetivos comuns, compartilhamento de recursos e outros. A propósito dessa heterogeneidade conceitual, destaca-se o olhar de Charles Kadushin (2000:1), para quem uma

> rede contém um conjunto de nós e uma descrição de relações entre esses nós. A mais simples rede contém dois objetos, A e B, e um relacionamento que une os dois. A e B, por exemplo, podem ser pessoas, e o relacionamento que os une pode ser "estão em uma mesma sala".

Por outro lado, Michel Serres, interpretando o diagrama em rede, afirma que ele é formado por uma pluralidade de pontos (extremos) ligados entre si por uma pluralidade de ramificações (caminhos). Em um ambiente de rede,

> por definição, nenhum ponto é privilegiado em relação a outro, nem univocamente subordinado a qualquer um; cada qual possui seu próprio poder (eventualmente variável com o decorrer do tempo), sua zona de incidência, ou, ainda, sua força determinante original [s.d.:7].

Outra abordagem a ser destacada é a de Armand Mattelart, para quem a rede "compõe-se de indivíduos conectados entre si por fluxos estruturados de comunicação", os quais "exercem um papel estruturante na organização da sociedade e da nova ordem mundial" (Mattelart et al., 2000:157). "A partir de 1850, num contexto em que se concretiza a noção de liberdade de opinião, um conjunto de invenções técnicas vai permitir o desenvolvimento de novas redes de comunicação" (Mattelart, 1999:15).

Em *Comunicação-mundo*, Mattelart traça uma evolução histórica do conjunto de transformações técnicas ocorridas nos modos de comunicação, os quais levaram a mudanças radicais no status econômico da informação. O desenvolvimento dos correios, por exemplo, indica que os progressos da navegação a vapor modificaram o transporte das correspondências internacionais. Outras transformações se desenvolveram como consequência do telégrafo manual, óptico, elétrico e sem fio, e também da telefonia – a rede telefônica. Entre as circunstâncias que influenciaram ou determinaram essas transformações, o autor cita como exemplo as guerras.

Mattelart (1996) detecta noções sobre redes (bem como sistemas) nas ideias e doutrinas do filósofo francês Claude-Henri de Saint-Simon (1760-1825), ideólogo do industrialismo cuja base de pensamentos consistia em substituir a exploração do homem pelo homem pela exploração do globo por parte da humanidade. Saint-Simon acreditava na utopia de uma sociedade igualitária, e, para seus discípulos, esse ideal transformou-se em princípio de realidade de um modo de reorganização da sociedade, uma filosofia da empresa, rumo à sociedade industrial. Saint-Simon renovava sua leitura do social com uma metáfora do ser vivo, suas ideias principais tinham como base o conhecimento dos seres vivos, que no início do século XVIII estava em constituição, com o progresso das ciências da vida (fisiologia, histologia etc.).

Saint-Simon transferia os postulados da anatomia para o universo social, do organismo natural para a organização como produção da rede artificial; lançava mão da metáfora do organismo, visto como um enredamento ou tecido de redes. Estabelecia, assim, imagens simbólicas do corpo do Estado, identificado como equivalente a um "organismo-rede", para elaborar uma teoria da administração que representasse a transição entre sistemas sociais (do "governo de homens" para "administração das coisas"). O objetivo dessa perspectiva era fornecer instrumentos para administrar a economia orgânica do grande corpo que é a sociedade, "verdadeiro ser cuja existência é mais ou menos vigorosa ou hesitante, conforme os órgãos desempenham mais ou menos regularmente as funções que lhe são confiadas" (Saint-Simon apud Mattelart, 1996:114). A essa ciência dos seres organizados e das suas relações consideradas como fenômenos fisiológicos ele chamou de "fisiologia social", que pretendia ser uma ciência da reorganização social, administrando a já mencionada transição entre sistemas sociais.

A sociedade era concebida como sistema orgânico, uma justaposição ou um tecer de redes, mas também como "sistema industrial", gerado por e como indústria; concedia-se lugar estratégico à administração do sistema das vias de comunicação e ao estabelecimento de um sistema de crédito. Saint-Simon equiparava o sangue ao coração humano, e o dinheiro à sociedade-indústria, à qual caberia dar vida, e comparava a circulação de dinheiro à circulação do sangue, pois qualquer parte onde o sangue parassse de circular não tardava a morrer. Sua filosofia da industrialização tinha a função organizadora da produção das redes artificiais, de comunicação-transporte ("redes materiais") e de finanças ("redes espirituais"). Seus discípulos criaram linhas de estradas de ferro, sociedades bancárias e companhias marítimas. Destacava-se a importância das linhas marítimas para transporte de encomendas, correio, mercadorias, matérias-primas, e também da população trabalhadora – e ainda com o auxílio em tempos de guerra. Haveria uma ação simultânea entre as linhas marítimas, o transporte ferroviário, o complexo agroindustrial e o sistema de crédito.

Herbert Spencer, seguindo as ideias de Saint-Simon, desenvolveu uma teoria sobre a comunicação como sistema orgânico. A sociedade industrial personificaria a sociedade orgânica, cada vez mais integrada, com funções cada vez mais definidas e as partes cada vez mais interdependentes. Seus discípulos retiraram de sua doutrina sobre a produção de redes artificiais como meios de remediar a crise do corpo político, em primeiro lugar, um discurso sobre as virtudes redentoras das novas técnicas, e, em segundo, uma estratégia de transição para a era positiva, por intermédio das redes de comunicação e de finanças (Mattelart, 1996:121).

Um dos discípulos de Spencer, Michel Chevalier, indicava as estradas de ferro como instrumento poderoso de ligação de povos dispersos, e acrescentava que, embora fossem compostas de múltiplas redes que se entrecruzavam e se sobrepunham, sempre havia um centro; era possível comunicar o impulso do centro até o extremo da circunferência extrema. Ele chamava atenção para a necessidade de uma centralização a partir da "cabeça da rede", dizendo que não há meio-termo entre centralização e anarquia (1996:135-7).

Nessa época, começaram a surgir contradições no mito da igualdade a ser promovida pelos meios de comunicação, pois, segundo Chevalier, melhorar as comunicações era trabalhar pela verdadeira liberdade positiva e prática, permitir que todos os membros da família humana percorressem e explorassem o globo, que é seu patrimônio, aumentar os direitos do maior número de pessoas, construir a igualdade e a democracia. Os meios de transporte reduziriam as distâncias não só de um ponto a outro, mas também de uma classe a outra (1996:138).

Assim, segundo Mattelart, "com o aparecimento da estrada de ferro, a figura da rede preside à primeira formulação de uma ideologia redentora da comunicação" (1996:113). As redes de comunicação passavam a ser vistas como criadoras da nova ligação universal.

Redes eletrônicas

Manuel Castells observa que o sistema de redes "surgiu em grande escala como redes locais e redes regionais conectadas entre si, e começou a se expandir para qualquer lugar onde houvesse linhas telefônicas e computadores munidos de modems" (1999:376).

As redes eletrônicas tiveram origem nos anos 1960, utilizando um procedimento de "comutação de pacotes".[8] A primeira rede a

---

8 As mensagens são fragmentadas em partes menores, sua rota é determinada (o caminho é definido por algum critério para atingir certo recurso), e então ela é reagrupada em partes. Esse procedimento pode ter vantagens, como: possibilitar a vários usuários compartilhar a mesma conexão; permitir que os pacotes sigam suas rotas sem interrupção, já que eventuais problemas em alguma parte são corrigidos; agilizar manuseio, velocidade de transmissão e proteção por questões de segurança, além da facilidade de compactá-los.

utilizar essa tecnologia funcionou no Reino Unido, em 1968 (nos National Physical Laboratories), seguida de perto por uma breve experiência na França (na Société Internationale de Télécommunications Aéronautiques). Mas, com a Arpanet, em 1969 (Estados Unidos, Departamento de Defesa), essa mesma tecnologia começou a se consolidar em estrutura de amplo alcance. O objetivo da Arpanet era compartilhar recursos computacionais entre diversas organizações junto ao Departamento de Defesa norte-americano.

Em 1979, três estudantes criaram uma versão modificada do protocolo Unix, que possibilitou a ligação de computadores por meio da linha telefônica comum. Em 1983, a Arpanet se dividiu e deu origem à Milnet (uma rede militar), passando a destinar-se à pesquisa científica. Naquele momento, os pesquisadores começaram a utilizá-la para trabalho cooperativo por intermédio de correio eletrônico e outros serviços.

De forma simultânea, outra tecnologia de rede, desenvolvida – *store-and-forward* (armazena-e-reencaminha) – e usada para transmissão de mensagens de correio, também influenciou o crescimento da Arpanet. A rede Bitnet, cooperativa entre duas universidades dos Estados Unidos (New York e Yale), foi estabelecida em 1981, com base nessa tecnologia. A necessidade de comunicação no meio acadêmico e a tecnologia do correio eletrônico fizeram com que se iniciasse a comunicação via computadores entre essas universidades. À tal rede juntaram-se tantas outras universidades que se tornou necessária uma nova organização dos dois centros iniciais.

A partir do desenvolvimento e do sucesso da Arpanet, a comunidade acadêmica norte-americana estruturou sua própria rede na década de 1980 (NFSNET), que originou a internet. Inicialmente o acesso era restrito às pessoas ligadas às universidades ou instituições de pesquisa. Em 1991 foi liberado o uso comercial. A comercialização da internet cresceu depressa: em 1991, havia cerca de 9 mil domínios comerciais; no fim de 1994, já eram 21.700. A capacidade da rede era tal que a maior parte do processo de comunicação era, e ainda é, em grande parte espontânea, não organizada e diversificada na finalidade e na adesão. A coexistência pacífica de vários interesses e culturas na rede assumiu a forma da World

Wide Web (www), uma rede flexível, formada por redes dentro da internet, em que instituições, empresas, associações e pessoas físicas criam os próprios sites (Castells, 1999:378-9).

Patricia Henning conceitua essa rede: "A internet é um enorme sistema de informação integrado por redes de computadores, proporcionando a todos que a ela estão interligados uma gama de recursos e serviços de informações" (1993:62). A tecnologia digital permitiu a compactação de todos os tipos de mensagens, inclusive som, imagens e dados; formou-se uma rede capaz de comunicar todas as espécies de símbolos sem recorrer a centros de controle. Seus principais usos são: correio eletrônico, conexão remota – Telnet e transferências de arquivo – FTP (File Transfer Protocol).

A rede eletrônica tem como uma de suas vantagens o compartilhamento de recursos. Sempre que dois ou mais equipamentos de processamento de dados podem trocar mensagens entre si, isso representa uma rede de comunicação que se estabelece com o objetivo de compartilhar e otimizar recursos entre os usuários. Os recursos podem ser: hardwares (equipamentos: computadores independentemente do porte, impressoras, modem, fax etc.); softwares (programas, aplicativos etc.); fontes informacionais (base de dados, arquivos de texto, catálogos, som, imagem etc.); recursos humanos.

"Em cada caso, em vez de se duplicarem ou transportarem os recursos, estes são colocados à disposição do público, conectando-os entre si, independentemente da situação geográfica do recurso ou do usuário" (Ferreira, 1994:258). Essa implementação é complexa. Conectar computadores, transferir dados e informações exigem regras e/ou normas próprias de comunicação, chamadas *protocolo*. As redes diferem umas das outras pelas capacidades operacionais que possuem.[9] Podem apenas repassar mensagens

---

[9] "A dispersão geográfica das máquinas conectadas ainda pode ser fator de identificação das redes. Por exemplo, o compartilhamento de softwares, impressoras ou qualquer outro recurso num laboratório ou local de trabalho único formam as chamadas LAN's – Local Area Network, ou rede de área local. Quando as LAN's são interconectadas para criar redes em *campi* ou em áreas metropolitanas, surgem as chamadas MAN's – Metropolitan Area Network, ou rede de área metropolitana. Finalmente, abrangendo grandes áreas (com extensas distâncias geográficas) e normalmente interligando as LAN's e as MAN's, encontram-se as redes de grande extensão, denominadas WAN – Wide Area Network, ou rede de áreas extensas. As WAN's usam muitos tipos de meios de comunicação para encaminhar mensagens ao mundo todo, tais como fios telefônicos, cabos submarinos, ondas eletromagnéticas (sem meios físicos conectando os pontos) e, ocasionalmente, satélites" (Ferreira, 1994:258).

(como a Bitnet); podem realizar grande número de tarefas, tendo a interatividade como seu ponto forte (por exemplo, a internet). As diferenças estão refletidas no protocolo e também na capacidade de processamento das máquinas.

Uma das ideias principais da rede eletrônica é que a informação pode seguir caminhos variados para chegar a seu destino, ou seja, se um ou mais pontos não estão disponíveis, outros serão utilizados. Se uma parte da rede se encontra impossibilitada de funcionar, isso não inviabiliza a rede toda; ela opera com os nós possíveis. Tal ideia teve origem no desenvolvimento das redes por parte das Forças Armadas norte-americanas, objetivando seu uso em tempos de guerra, quando parte da rede poderia ser destruída. Até os anos 1960, as redes tinham centros, estrutura, e os caminhos eram fixos, não havia flexibilidade.

Serres (1994) refere-se a uma rua em Paris onde se situam a Bolsa de Valores, o Museu do Louvre e a Biblioteca Nacional, além de estabelecimentos bancários, companhias de seguros e agências de viagens. Trata-se da rua Richelieu, que ele considera adequadamente batizada ("lugar rico"). A seguir discorre sobre o acervo acumulado nas instituições mencionadas: dicionários, livros enciclopédicos, catálogos, textos; outros com duas ou três dimensões: plantas, cartas geográficas, cartas marítimas, atlas de astronomia, de anatomia ou de profissões, tabelas de números, de elementos químicos ou de notas musicais; quadros ou reproduções de pinturas, fotografias, esquemas, filmes de cinema ou de televisão, estátuas, ídolos; joias e objetos preciosos/valores nos cofres, contas bancárias, divisas, entre outros.

Para Serres, essa rua com três *locais ricos* de concentração deveria reduzir-se a um lugar ou um ponto, pois o conjunto de seus centros, unitariamente, só trata de informações ou de signos. E ainda assevera que esses locais não desempenham apenas o papel de depósito (imóvel), mas sobretudo de consulta (movimento). O autor adverte sobre as mudanças impostas pela informática – que torna mais fácil encontrar o que se procura e acelera os deslocamentos. Isso se passa com livros, dinheiro, palavras e informação. As novas tecnologias de informática e comunicação conjugam o suporte e o transporte. Reúnem-se bancos de dados e redes de comunicação em redes de redes, ligando e acumulando conteúdos, promovendo o fluxo.

Dessa forma, Serres afirma que não há necessidade de uma rua longa, se basta um só lugar, pontual, "munido dos mesmos utensílios universais, destinados a tratar a informação em geral, quaisquer que sejam os seus suportes" (1994:142). Assim, as antigas acumulações convergem num ponto, mas esse lugar diverge para o universo, como se a atração para o global igualasse a atração para o local. Em sua opinião, tal equilíbrio caracteriza o nosso tempo. Serres questiona o objetivo da acumulação num só lugar de signos, de bens, se a rede anula as distâncias e torna possível, em tempo real, qualquer arranjo, combinação ou associação.

As tecnologias informáticas e de comunicação são compostas por utensílios universais (máquinas e objetos técnicos) capazes de tratar de todas as coisas, e revelam alcance global. A internet, rede formada de outras redes, criou o ciberespaço, um novo espaço de circulação da informação. Para Lévy (1999:17), ciberespaço é um "novo meio de comunicação que surge da interconexão mundial dos computadores". Então, o local, minúsculo, pode juntar-se ao global, tão planetário quanto o tentarem conceber. Todo lugar, desse modo, se torna parte total da rede. De que interessam os lugares de armazenamento, se as redes se interconectam? Serres conclui mostrando que, pelo universo ou por todo o planeta, as redes conectam os indivíduos (1994:148).

Ao consultar os acervos na rede, o pesquisador não tem mais que se submeter às regras que as instituições determinam para a consulta no local – por exemplo, horários e exigências para acesso. Então, não é necessário acumular para distribuir; é preciso estabelecer conexões. Cada nó da rede tem a dimensão da rede toda, é virtualmente toda ela. A rede não tem início, fim nem centro.

A internet, no início pensada para a pesquisa acadêmica, rapidamente se tornou um meio de comunicação de massa. Teóricos da comunicação e engenheiros distinguem três modos de comunicação a distância: *one-to-one* (um-um), *one-to-many* (um-muitos) e *many-to-many* (muitos-muitos). O primeiro seria a comunicação ponto a ponto, típica de cartas, telégrafo e telefone. O segundo é o um-muitos, característica dos meios de comunicação de massa

– jornal, cinema, rádio, TV –, no qual uma fonte emite a mesma mensagem para vários receptores. A terceira, só encontrada na internet, é muitos-muitos; nela, todos podem ser emissores, há muitas mensagens heterogêneas. Os exemplos podem ser salas de *chat* ou *newgroups*. Deve-se destacar que a internet, como meio de comunicação, reúne os três modos de comunicação a distância, por exemplo: *chats* (muitos-muitos), correio eletrônico (um-um) e a leitura de jornais on-line (um-muitos). É possível encontrar na rede notícias, novelas, anúncios, páginas de diário, revistas científicas e praticamente qualquer coisa que queiram os consumidores de informação do mundo todo.

Internet no Brasil

O número total de usuários da internet no Brasil passou de 7,9 milhões, em maio de 2003, para 11,68 milhões, em maio de 2004 (Cunha, 2004b). Pesquisa da Fundação Getulio Vargas (FGV) aponta que 15% deles são usuários residenciais da internet; considerando o acesso de forma independente da origem (casa, trabalho, escola, cybercafé), o número de usuários era maior que 27 milhões, em 2004. Já em julho de 2009 esse número chegou a 64,8 milhões, segundo pesquisa Ibope Nielsen publicada no jornal *O Globo* (2009:28).

O advento da tecnologia da banda larga foi outro fator que introduziu alterações no uso da internet. No Brasil, com o aumento da utilização da banda larga, percebe-se também um aumento do tempo que os usuários permanecem on-line, além de eles visitarem mais páginas e do aumento da utilização de aplicativos de comunicação instantânea, como o ICQ e o Messenger (MSN) – são mais ágeis que o e-mail e fazem com que as pessoas ampliem o contato com outras em ambiente virtual; isso inclui amigos, parentes, colegas de trabalho, clientes etc.

O Orkut é outro exemplo de meio de comunicação utilizado na internet. Site de relacionamento gratuito, tem como propósito formar uma rede social e encontrar amigos. Foi criado em fevereiro de 2004, por um funcionário do Google. Seu uso está crescendo desde então, impondo mudanças nos processos comunicacionais na rede e, com isso, alterando também a "vida real". Neste site, cada pessoa tem sua página, onde são expostas suas características (preenchidas na inscrição no site), seus amigos e as comunidades das quais faz parte, entre outras informações; só é possível fazer parte do Orkut por convite de algum amigo que já seja usuário.

Tânia Nogueira e colaboradoras indicam como fator de sucesso do Orkut o fato de que ele forma uma rede virtual baseada no mundo real: ninguém está conversando com estranhos, quem participa do site "é seu conhecido ou conhecido de algum conhecido seu, como na teoria dos seis graus de separação, pela qual com seis contatos chega-se a qualquer pessoa no mundo" (2004:98).

Segundo o Ibope e-Ratings.com, o Brasil já é líder mundial na navegação de crianças e jovens, e a web é cada vez mais utilizada em todas as faixas etárias. Na faixa entre 15 e 19 anos, o percentual de pessoas que se conecta à rede, ainda que esporadicamente, é de 45% (dados coletados entre março e abril de 2004). De acordo com dados da pesquisa da Pnad, do IBGE, realizada em 2001, apenas 12,6% dos domicílios brasileiros possuíam microcomputador. O mesmo levantamento, realizado em 2008, indicava praticamente um terço dos domicílios (31,2%, ou 17,95 milhões) com computador em casa; os que têm acesso à internet são 13,7 milhões, ou 23,8% (IBGE, 2009:59-60).

Esses dados indicam as mudanças significativas que estão ocorrendo na busca de informações. Outro aspecto que comprova a transformação foi constatado em pesquisa realizada pelo Ibope Mídia, em 2002, no qual se mediu a exposição às diversas mídias de acordo com o grau de escolaridade do entrevistado. A taxa de penetração da internet para as pessoas com nível superior incompleto é de 65%, enquanto para os entrevistados com curso superior completo é de 61%, o que sugere maior necessidade de obter informação entre pessoas do primeiro grupo. Para quem concluiu mestrado, doutorado ou algum outro programa de pós-graduação, a taxa de penetração sobe para 73%, indicando maior uso para pesquisa e intercâmbio de informação.

Outra interpretação possível desse dado é que o nível educacional influencia no aproveitamento efetivo das possibilidades de uso oferecidas pela internet – portanto, a capacitação prévia do usuário é um fator que limita a universalização do acesso.

Exclusão digital

O debate sobre a inclusão/exclusão digital não pode ser desconsiderado quando o assunto é a democratização da informação pela internet. "A rede serve para fazer esquecer uma sociedade profundamente segregada e para dela propor uma visão harmônica" (Mattelart et al., 2000:160). Algumas abordagens relacionam à rede uma ideia de democracia, vendo-a como universal, aberta, justa, liberta de preconceitos e impedimentos, à qual todos têm acesso em condições de total igualdade, possibilitando a proximidade e questionando as hierarquias.

Na prática, já se sabe hoje que a rede não é tão democrática, e que essa ideia de acesso livre e indiscriminado não corresponde à realidade por uma série de fatores, entre os quais o preço dos equipamentos, a dificuldade na distribuição de linhas telefônicas (econômicas e geográficas) e o "analfabetismo digital".

O ciberespaço está teoricamente aberto a todos; seria o local onde pessoas de todas as nações poderiam conviver, rompendo barreiras geográficas, de nacionalidade, raça e sexo, igualando-as. A abertura do ciberespaço é exponencial: homens, mulheres, norte e sul, Oriente e Ocidente, Primeiro e Terceiro Mundos. Porém, o ingresso no ciberespaço depende do acesso a tecnologias que estão fora do alcance de grande parte da população mundial. Segundo Castells (1999:383-4):

> A comunicação mediada por computadores (CMC) é uma revolução que se desenvolve em ondas concêntricas, começando nos níveis de educação e riqueza mais altos e provavelmente incapaz de atingir grandes segmentos da massa sem instrução, bem como países pobres.

Existem muitas pessoas que não têm condição de possuir um computador, uma linha telefônica e pagar as taxas de acesso à internet. Jesús Martín-Barbero chama atenção para "o aprofundamento da divisão e a exclusão social que estas tecnologias já estão produzindo" (2003:62). Mas, por outro lado, já existem provedores de acesso gratuito; cada vez mais bibliotecas, universidades e outras instituições fornecem acesso gratuito à internet, e grande número de pessoas tem acesso à rede no local onde trabalham.

A desigualdade pode ser constatada não apenas no que diz respeito ao aporte tecnológico, mas também em relação aos conteúdos. Nora e Minc, citados por Mattelart (1999:164), apontam, num relatório de 1978, que

> os bancos de dados são, quase sempre, internacionais, e o desenvolvimento das transmissões permitirá ter acesso a eles, de qualquer ponto do globo, sem custo tarifário excessivo: daí a tentação de certos países que, em vez de constituir bancos de dados no território nacional, se limitam a utilizar os bancos [norte-]americanos. [...] O saber acabará por se modelar, como sempre tem acontecido, a partir dos estoques de informações. Deixar a outros, isto é, aos bancos americanos, o cuidado de organizar essa "memória coletiva", contentando-se em servir-se deles, equivale a aceitar uma alienação cultural; portanto, o estabelecimento de bancos de dados constitui um imperativo de soberania [1999:164].

Sandra Lúcia Gomes (2002:33), baseando-se em Marc Augé (1994), entende a internet como um "não lugar":

> A noção de "não lugar" permite abordar alguns aspectos relevantes do mundo de nossos dias, incluindo-se, a nosso ver, o fenômeno da internet (ou ciberespaço) como espaço universal que integra um oceano de informações, porém de navegação solitária.

Numa outra visão, a ideia de que o computador é um meio para introvertidos e incapazes de sair de casa foi suplantada pela que o identifica como uma tecnologia que aproxima pessoas que não se conhecem, ao invés de afastá-las. Assim, a internet possibilita a união de pessoas com afinidade de interesses e objetivos, independentemente da localização geográfica. Une os pontos mais longínquos da Terra, anulando distâncias. A rede anula o espaço geográfico e permite uma desterritorialização.

De acordo com Margaret Wertheim (2001:207),

> o ciberespaço é exaltado como um espaço em que a conexão e a comunidade podem ser promovidas, enriquecendo com isso nossas vidas como seres sociais. Nessas visões, o ciberespaço torna-se um lugar para o estabelecimento de comunidades idealizadas que transcendem as tiranias da distância e são livres de preconceito de sexo, raça ou cor. Em outras palavras, esse é um sonho de ciberutopia.

A autora acrescenta que no ciberespaço não existem alguns dos marcadores sociais normais do espaço físico; por exemplo, o geocódigo, que é uma força poderosamente estratificadora – "onde você está revela quem você é" (2001:209-10).

Existem precondições para que a internet se torne um serviço público. Apesar de todo o discurso que promove a rede evocando a democratização da informação, da possibilidade de navegação, acesso, recuperação de quantidade ilimitada de informações para todos, isso não é por si mesmo garantia de acesso. Existe uma profunda distância entre esse ideal e a realidade, a despeito do enorme potencial de difusão.

Os conteúdos disponíveis na internet são considerados decisivos, por Bernardo Sorj, na dinâmica da exclusão digital, pois mesmo que o acesso universal esteja assegurado, a falta de conteúdos específicos pode limitar o impacto efetivo da rede entre os segmentos de baixa renda (2003:71). Sorj também relaciona a exclusão digital com outras formas de desigualdade social, afirmando que, em geral, as taxas mais altas de exclusão digital se encontram nos segmentos de menor renda. E afirma que essa desigualdade social não se expressa apenas no

> acesso ao bem material – rádio, telefone, televisão, internet –, mas também na capacidade de o usuário retirar, a partir de sua capacitação intelectual e profissional, o máximo proveito das potencialidades oferecidas pelos instrumentos de comunicação e informação [2003:59].

Podemos ver no Brasil alguns exemplos de programas que buscam democratizar o acesso à internet; um deles é o Comitê para a Democratização da Informática (CDI). Ainda assim, uma vez que fatores como renda e nível educacional influem nessa possibilidade, fica evidente que está muito distante o sonho do acesso irrestrito, sobretudo quando se fala em sociedade brasileira.

Na internet, conquanto se levem em consideração aspectos limitadores, é possível encontrar todo tipo de informação: jornalísticas, pessoais, comerciais, relativas a empresas, entre outras. Sendo assim, ela é mais um instrumento para que as instituições que têm como objeto a informação – bibliotecas, museus, centros de documentação e arquivos – possam desempenhar suas funções no que diz respeito à transferência da informação. Às possibilidades anteriores das instituições de arquivo soma-se a internet como meio de difusão de acervos e de transferência de informação arquivística.

4. Interfaces dos arquivos públicos brasileiros com a internet

Para Bernardo Sorj, a exclusão digital depende de cinco fatores que determinam o maior ou o menor alcance dos sistemas telemáticos. São eles: existência de infraestruturas físicas de acesso (transmissão por telefone, satélite, rádio etc.); disponibilidade de equipamento (computador, modem, linha de acesso); treinamento no uso do computador e da internet (ou alfabetização digital); capacitação intelectual e inserção social do usuário, que determina o aproveitamento efetivo da informação e das necessidades de comunicação pela internet; e a produção e uso de conteúdos adequados às necessidades dos diversos segmentos da população (Sorj, 2003:63).

Acompanhando os mencionados critérios de Sorj, observa-se que o caráter público dos arquivos poderá ser potencializado — fortalecendo ao mesmo tempo o caráter "público" da internet — se nela ficam disponíveis conteúdos e serviços próprios das instituições públicas arquivísticas, visando ao acesso e à transferência de informação.

Para justificar essas afirmações, devem-se constatar, em primeiro lugar, a presença dos arquivos públicos na rede e, em segundo, a disponibilização de serviços e conteúdos específicos, e as oportunidades de interface oferecidas ao usuário.

Abordagens e procedimentos metodológicos

A análise aqui realizada teve o propósito de detectar como está ocorrendo a transferência da informação nesses espaços da rede, quais as características dos sites, o que eles contêm, bem como a tipologia dos serviços oferecidos. Definiu-se como objetivo geral de pesquisa analisar os diversos aspectos teóricos e técnicos que caracterizam os processos de transferência da informação difundida pelas instituições arquivísticas públicas brasileiras na internet.

Tendo em vista objetivos específicos, procurou-se analisar as estruturas de transferências de informação arquivística na internet;

verificar o conteúdo e a estrutura dos sites referentes à informação arquivística na rede, no contexto da transferência da informação; e confrontar as concepções teóricas e institucionais de arquivos, transferência e rede. Visando à consecução dos objetivos propostos, a pesquisa aborda os conceitos de arquivo, informação, informação arquivística, instituição arquivística, transferência da informação, redes, internet, entre outros que compõem os principais marcos teóricos aqui determinados.

Considerando o objeto deste estudo, a realização da pesquisa obedece aos seguintes procedimentos teórico-metodológicos: a) revisão seletiva da literatura, com levantamento da bibliografia brasileira e internacional sobre o tema, bem como aquela referente ao quadro teórico adotado; b) reconstrução empírica das interfaces arquivos/internet (levantamento na internet).

Foram investigados os sites de instituições arquivísticas públicas brasileiras na internet. A primeira busca, com o objetivo de localizar os arquivos que disponibilizam informações na rede, foi realizada em 2003, na fase de planejamento dos trajetos a serem percorridos. Foi realizada com o auxílio de mecanismos de busca da internet, como Google e Yahoo!, bem como de alguns sites arquivísticos que indicam links de vários tipos: associações profissionais, instituições de ensino, instituições arquivísticas nacionais e internacionais, entre outras, chegando-se a 30 endereços.

Em 2004, ao ter início a fase de coleta de dados, a busca foi atualizada. Algumas instituições arquivísticas encontradas na primeira consulta já não foram localizadas, enquanto surgiram outras, mas ainda eram 30 URLs.[10] Essa busca por outras instituições arquivísticas foi refeita periodicamente durante toda a fase da coleta de dados, que se deu entre os meses de março e agosto de 2004. Um desses 30 endereços, o Arquivo Público do Distrito Federal, esteve fora do ar (para atualização) durante todo o período; portanto, o total foi fixado em 29 endereços.

A coleta de dados consistiu no preenchimento de um formulário correspondente a cada site (Anexo A), elaborado de acordo

---

10 Uniform (ou Universal) Resource Locator é o endereço de um site na internet, expresso por termos separados por pontos e barras, no formato http://www.servidor.extensão/diretório.

com os critérios a serem analisados. Ao entrar no endereço eletrônico para preencher o formulário, pôde-se ver, pelas características, se se tratava ou não de um site. Assim, em 2004, dos 29 endereços de instituições arquivísticas disponíveis, 20 eram sites, um estava em atualização, portanto não dispunha de todas as seções, e oito eram páginas dentro de sites (de secretarias de Cultura ou de prefeituras, por exemplo). Estas últimas são instituições arquivísticas localizadas na web cujo endereço corresponde à página de outro site, casos em que a instituição é mencionada no interior da estrutura administrativa em questão.

Em 2004, analisaram-se os 20 sites existentes: um do Arquivo Nacional, 10 estaduais e nove municipais. As nove páginas também foram observadas, porém com outro referencial, uma vez que o universo definido para a pesquisa tinha como foco os sites.

Uma nova fase da pesquisa foi desenvolvida em 2009, visando a obter novos resultados, averiguar como se processava a transferência da informação arquivística na internet cinco anos mais tarde, além de comparar os resultados com os anteriores, principalmente os de 2004. Para isso, novamente, entre os meses de fevereiro e junho de 2009, foi feito o levantamento de quantas e quais são as instituições arquivísticas públicas brasileiras que estão de alguma forma presentes na internet com sites e páginas utilizando os mesmos caminhos e formas de busca. Em seguida, durante os meses de abril a junho de 2009, aplicou-se a todas elas o mesmo questionário utilizado em 2004, possibilitando a comparação dos resultados.

Em 2009, foram levantados 54 URLs. Durante a análise de cada um deles verificou-se que alguns não eram de fato sites ou páginas. Certo número apenas menciona as instituições, mas não são sites institucionais ou sobre a instituição. Algumas são sites de turismo ou da prefeitura, e apenas mencionam o arquivo público em notícias, ou até exibem a fotografia, o endereço ou o contato. São exemplos: Arquivo Histórico Professor João Rangel Simões (Cubatão-SP) e Arquivo Histórico de Taubaté (SP); Arquivo João Mangabeira (Ilhéus-BA); Arquivo Municipal de Palmas (TO). Outras são páginas do arquivo, mas só apresentam documentos textuais ou fotografias do acervo em PDF, porém sem qualquer informação sobre a instituição arquivística. Alguns exemplos: Arquivo Histórico de Além Paraíba (RJ), Arquivo Municipal de Monte Azul Paulista (SP), Arquivo Histórico de São Bento do Sul (RS).

Assim, em 2009, o total do universo foi fixado em 47 instituições na internet, e procedeu-se à análise nos 26 sites existentes: um do Arquivo Nacional, nove estaduais e 16 municipais. Da mesma forma que em 2004, as 19 páginas e os dois blogs também foram analisados, mas sob outro referencial.

As instituições arquivísticas analisadas em 2004 e em 2009 estão listadas a seguir, porém, cabe observar que, para algumas instituições, há dois endereços eletrônicos. O primeiro é da análise feita em 2004, e o segundo refere-se à de 2009. Pode-se notar que, das 26 instituições que aparecem nas duas análises, 15 (54%) mudaram de endereço eletrônico e 12 (46%) mantiveram-se com o mesmo URL.

QUADRO 8. ENDEREÇOS ELETRÔNICOS DAS INSTITUIÇÕES ARQUIVÍSTICAS EXISTENTES EM 2004 E 2009

Instituições	Endereços eletrônicos	2004	2009
1. Arquivo Nacional do Brasil	http://www.arquivonacional.gov.br/	site	site
	Arquivos estaduais		
2. Arquivo Público do Distrito Federal	http://www.arpdf.df.gov.br/	Fora do ar (atualização)	site
3. Arquivo Público do Estado do Rio de Janeiro	http://www.aperj.rj.gov.br/	site	site
4. Arquivo Público do Estado do Espírito Santo	http://www.ape.es.gov.br/	site	site
5. Arquivo do Estado de São Paulo	http://www.arquivoestado.sp.gov.br	site	site
6. Arquivo Público Mineiro	http://www.cultura.mg.gov.br/arquivo.html http://www.siaapm.cultura.mg.gov.br/	site	site
7. Arquivo Público do Estado do Paraná	http://www.pr.gov.br/deap http://www.arquivopublico.pr.gov.br/	site	site
8. Arquivo Público do Estado de Santa Catarina	http://www.sea.sc.gov.br/arquivo-publico/ http://www.sea.sc.gov.br/index.php?option=com_content&task=view&id=90&Itemid=245&lang=brazilian_portuguese	site	site
9. Arquivo Público do Estado do Rio Grande do Sul	http://www.sarh.rs.gov.br http://www.apers.rs.gov.br/portal/index.php?menu=historico	página	site
10. Arquivo Histórico do Rio Grande do Sul	http://www.cultura.rs.gov.br/principal.php?inc=arq_hist	—	página

11. Arquivo Público do Estado da Bahia	http://www.bahia.ba.gov.br/saeb/perfil99/apeb_histori.htm http://www.saeb.ba.gov.br/perfil99/apeb_histori.htm	página página
12. Arquivo Público Estadual de Sergipe	http://www.culturasergipe.hpg.ig.com.br/apes.html	página página
13. Arquivo Público do Estado de Pernambuco	http://www.fisepe.pe.gov.br/apeje http://www.memorialpernambuco.com.br/memorial/117historia/museus/arquivo_publico_estadual.html	site página
14. Arquivo Público do Estado do Rio Grande do Norte	http://www.ape.rn.gov.br	site —
15. Arquivo Público do Estado do Ceará	http://www.secult.ce.gov.br/equipamentos-culturais/arquivo-publico/arquivo-publico	página página
16. Arquivo Público do Estado do Pará	http://www.arqpep.pa.gov.br/ http://www.apep.pa.gov.br	site site
17. Arquivo Público do Estado de Mato Grosso	http://www.apmt.mt.gov.br/	site Em atualização. Analisado como página
Arquivos municipais		
18. Arquivo Geral da Cidade do Rio de Janeiro (RJ)	http://www.rio.rj.gov.br/arquivo	site site
19. Arquivo Público de Campos dos Goytacazes (RJ)	http://www.arquivodecampos.org.br/	— site
20. Arquivo Histórico Municipal de Resende (RJ)	http://www.arquivoresende.blogspot.com/	— blog

Interfaces dos arquivos públicos brasileiros com a internet

21. Arquivo Histórico do Município de São Paulo (SP)	http://www.prodam.sp.gov.br/dph/instituc/dvarq.htm	site	site
	http://www.prefeitura.sp.gov.br/cidade/secretarias/cultura/arquivo_historico/	página	—
22. Arquivo Histórico do Município de Americana (SP)	http://www.americana.sp.gov.br/esmv4/americana_13.asp?codsub=0&codcat=3&codit=38&codpage=1&codimp=1	página	Fora do ar (atualização)
23. Arquivo Histórico da Fundação Pró-Memória de São Carlos (SP)	http://www.saocarlos.sp.gov.br/fun_promemoria.htm	página	—
24. Arquivo Histórico Municipal de Tietê (SP)	http://www.indexadvance.com.br/ArqHistTiete.htm	página	página
25. Arquivo Público Municipal de Indaiatuba (SP)	http://www.promemoriadeindaiatuba.hpg.com.br/	site	site
26. Arquivo Público Municipal (e Arquivo Geral) de Santos (SP)	http://www.fundasantos.org.br	site	site
	http://www.portal.santos.sp.gov.br/fams/news.php		
27. Arquivo Público e Histórico de Ribeirão Preto (SP)	http://www.arquivopublico.ribeiraopreto.sp.gov.br/index.html	—	site
28. Arquivo Público do Município de Belo Horizonte (MG)	http://www.pbh.gov.br/cultura/arquivo/	site	site
29. Arquivo Público da Cidade de Paracatu (MG)	http://www.ada.com.br/paracatu/htm/arqpub.htm	página	blog
	http://paracatumemoria.nomemix.com/		
30. Arquivo Histórico de Juiz de Fora (MG)	http://www.pjf.mg.gov.br/arqhist/principa.htm	site	site
	http://www.sarh.pjf.mg.gov.br/		
31. Arquivo Público de Uberaba (MG)	http://www.arquivopublicouberaba.com.br/welcome.htm	site	site
	http://www.arquivopublicouberaba.com.br/administracao.htm		

32. Arquivo Histórico Municipal de Florianópolis (SC)	http://www.pmf.sc.gov.br/guia_de_servicos/educ02991.htm http://www.pmf.sc.gov.br/arquivo_historico/	Em atualização. Analisado como página.	site
33. Arquivo Histórico de Joinville (SC)	http://www.arquivohistoricojoinville.com.br/	—	site
34. Arquivo Histórico José Ferreira da Silva, Blumenau (SC)	http://www.fcblu.com.br/arquivoh/	—	site
35. Arquivo Histórico da Fundação Pró-Memória de São Carlos (SC)	http://www.promemoria-sc.com.br/	—	site
36. Arquivo Municipal de Jaraguá do Sul (SC)	http://cultura.jaraguadosul.com.br/modules/xt_conteudo/index.php?id=350	—	site
37. Arquivo Histórico de Porto Alegre (RS)	http://www.portoalegre.rs.gov.br/cultura/memoria/arquivo http://www2.portoalegre.rs.gov.br/smc/default.php?p_secao=89	site	site
38. Arquivo Histórico Municipal João Spadari Adami, Caxias do Sul (RS)	http://www.caxias.rs.gov.br/novo_site/cultura/texto.php?codigo=28	—	site
39. Arquivo Histórico do Município de Salvador (BA)	http://www.pms.ba.gov.br/fgm http://www.cultura.salvador.ba.gov.br/arquivo-historico.php	site	site

A análise dos sites identificados nas duas ocasiões tem como parâmetros os seguintes critérios: serviços que disponibilizam, nível de relacionamento com o usuário, tipo de consulta que pode ser feita ao acervo e elementos relativos aos conteúdos, desenho e estrutura dos sites.

Os parâmetros definidos no documento "Diretrizes gerais para a construção de websites de instituições arquivísticas", do Conarq, de dezembro de 2000,[11] são considerados o instrumento de análise dos sites que integram o campo empírico da pesquisa. A utilização desse texto se justifica porque não há bibliografia sobre o tema que contemple as normas para a construção de sites arquivísticos, nem no Brasil, nem no âmbito internacional. No entanto, documentos similares foram analisados, contendo normas para outros tipos de sites. A partir disso, elaborou-se um formulário (Anexo A) que foi preenchido com as informações disponíveis nos sites.

Para uma caracterização mais rigorosa do universo empírico da pesquisa, buscaram-se também informações em outras fontes: entrevistas com representantes de três instituições arquivísticas, a fim de abordar questões relacionadas ao serviço (Arquivo Nacional, Arquivo Público do Estado do Rio de Janeiro e Arquivo Geral da Cidade do Rio de Janeiro, Anexo B); e envio de mensagens de correio eletrônico para cinco arquivos, com perguntas sobre o atendimento que essas instituições fazem pela internet, Anexo B.

Após a fase de coleta e seleção dos dados, procedeu-se à sua análise e interpretação. Os resultados obtidos foram examinados levando-se em consideração o contexto sociocultural em que se inserem as instituições investigadas, com o objetivo de observar como se constroem e se instrumentalizam as práticas de transferência da informação arquivística nos espaços pesquisados.

Análise das informações

A pesquisa empírica se desdobrou em três eixos principais: 1. O preenchimento do formulário em visitas aos sites, em duas eta-

---

11 Disponível em: http://conarq.arquivonacional.gov.br/Media/publicacoes/diretrizes_para_construo_de_websites.pdf.

pas diferentes, em 2004 e em 2009. Foram analisadas todas as instituições arquivísticas localizadas na internet em cada um dos dois momentos. 2. Consulta a alguns dos sites por intermédio de mensagens de correio eletrônico em 2004. A escolha das instituições para essa consulta através de mensagens teve como critério os sites que ofereciam serviços de atendimento ao usuário não presenciais: por correio eletrônico ou convencional (eram cinco). 3. Entrevistas realizadas com profissionais dos arquivos públicos localizados no Rio de Janeiro em 2004: Arquivo Nacional, Arquivo Público do Estado do Rio de Janeiro e Arquivo Geral da Cidade do Rio de Janeiro. Essas instituições foram escolhidas por terem reconhecida atuação na área, por representarem as três esferas de atuação (federal, estadual e municipal) e pela facilidade de acesso por sua localização geográfica. Uma das instituições – o Arquivo Nacional – estava presente nos três eixos da pesquisa empírica, assim, a consulta por correio eletrônico não foi feita e os questionamentos enviados às outras instituições por mensagens, no caso do Arquivo Nacional, foram incluídos na entrevista.

As instituições arquivísticas estaduais cujos sites foram pesquisados em 2004 são: Arquivo Público do Estado do Rio Janeiro, Arquivo do Estado de São Paulo, Arquivo Público do Estado do Espírito Santo, Arquivo Público Mineiro, Arquivo Público do Paraná, Arquivo Público do Estado de Santa Catarina, Arquivo Público Estadual Jordão Emerenciano (PE), Arquivo Público do Rio Grande do Norte, Arquivo Público do Estado do Pará, Arquivo Público de Mato Grosso.

No que se refere à localização geográfica dessas instituições, quatro estão na região Sudeste (em todos os estados da região), dois na região Sul, mesmo número da região Nordeste, um na região Centro-Oeste e um na região Norte. Sessenta por cento dos sites estão nas regiões Sul e Sudeste. Dos 26 estados brasileiros, mais o Distrito Federal, são 10 sites (37%).

As instituições arquivísticas estaduais cujos sites foram pesquisados em 2009 são: Arquivo Público do Distrito Federal, Arquivo Público do Estado do Rio Janeiro, Arquivo do Estado de São Paulo, Arquivo Público Mineiro, Arquivo Público do Estado do Espírito Santo, Arquivo Público do Paraná, Arquivo Público do Estado de

Santa Catarina, Arquivo Público do Estado do Rio Grande do Sul, Arquivo Público do Estado do Pará.

No que se refere à localização geográfica dessas instituições, ainda são quatro na região Sudeste (todos os estados da região), três na região Sul (todos os estados da região), um na região Centro-Oeste e um na região Norte. Setenta e oito por cento dos sites estão nas regiões Sul e Sudeste. Enquanto eram 10 os sites pesquisados em 2004, em 2009 eram nove.

QUADRO 9. DISTRIBUIÇÃO DOS SITES DAS INSTITUIÇÕES ARQUIVÍSTICAS ESTADUAIS POR REGIÃO DO BRASIL EM 2004 E 2009

	2004		2009	
Região	sites		sites	
Sudeste	4	40%	4	44%
Sul	2	20%	3	34%
Nordeste	2	20%	–	–
Norte	1	10%	1	11%
Centro-Oeste	1	10%	1	11%
Total	10		9	

QUADRO 10. QUANTIDADE E PERCENTUAL DE SITES EM RELAÇÃO AOS ESTADOS DE CADA REGIÃO DO BRASIL EM 2004 E 2009

Região	Estados na região	2004 Sites por região	2004 % de estados com sites na região	2009 Sites por região	2009 % de estados com sites na região
Sudeste	4	4	100	4	100
Sul	3	2	66	3	100
Nordeste	9	2	22	–	
Norte	7	1	14,3	1	14,3
Centro-Oeste	4	1	25	1	25
Total		10		9	

Os sites de instituições arquivísticas municipais em 2004 são: Arquivo Geral da Cidade do Rio de Janeiro, Arquivo Histórico do Município de São Paulo (SP), Arquivo Público Municipal (e Arquivo Geral) de Santos/Arquivo Memória de Santos (SP), Arquivo Público Municipal de Indaiatuba (SP), Arquivo Público do Município de Belo Horizonte (MG), Arquivo Histórico de Juiz de Fora (MG), Arquivo Público de Uberaba (MG), Arquivo Histórico de Porto Alegre Moysés Vellinho (RS), Arquivo Histórico do Município de Salvador/Fundação Gregório de Mattos (BA).

Desses nove sites, cinco (55%) são de capitais de estados da Federação (três do sudeste, um do sul, um do nordeste). Os que não estão em capitais concentram-se em apenas dois estados, Minas

Gerais (dois) e São Paulo (dois). Considerando-se também os das capitais, são 66% os sites (seis) situados nesses mesmos dois estados. Os três restantes são de instituições arquivísticas das capitais dos estados do Rio de Janeiro, da Bahia e do Rio Grande do Sul.

Os sites das instituições arquivísticas municipais em 2009 são: Arquivo Geral da Cidade do Rio de Janeiro (RJ), Arquivo Público de Campos dos Goytacazes (RJ), Arquivo Histórico do Município de São Paulo (SP), Arquivo Público Municipal (e Arquivo Geral) de Santos/Arquivo Memória de Santos (SP), Arquivo Público e Histórico de Ribeirão Preto (SP), Arquivo Público do Município de Belo Horizonte (MG), Arquivo Histórico de Juiz de Fora (MG), Arquivo Público de Uberaba (MG), Arquivo Histórico Municipal de Florianópolis/Professor Oswaldo Rodrigues Cabral (SC), Arquivo Histórico da Fundação Pró-Memória de São Carlos (SC), Arquivo Histórico de Joinville (SC), Arquivo Histórico José Ferreira da Silva/Blumenau (SC), Arquivo Municipal de Jaraguá do Sul (SC), Arquivo Histórico de Porto Alegre Moysés Vellinho (RS), Arquivo Histórico Municipal João Spadari Adami/Caxias do Sul (RS), Arquivo Histórico do Município de Salvador/Fundação Gregório de Mattos (BA).

Desses 16 sites, seis (36%) são de capitais de estados da Federação (três do sudeste, dois do sul, um do nordeste). Os que não estão em capitais encontram-se distribuídos em cinco estados: três da região Sudeste (dois em Minas Gerais, dois em São Paulo e um no Rio de Janeiro); e dois da região Sul (Santa Catarina, com quatro, e Rio Grande do Sul, com um). No caso das instituições municipais, o número de sites cresceu de nove, em 2004, para 16 em 2009, o que representa um aumento de 78%. O crescimento mais expressivo foi no estado de Santa Catarina, que em 2004 não tinha nenhum site de arquivo municipal, e em 2009 aparecia com cinco. Em 2004, a região Sul representava 11% dos sites de arquivos municipais; em 2009 representava 44%. Os outros foram um no Rio Grande do Sul e um no Rio de Janeiro.

QUADRO 11. DISTRIBUIÇÃO DOS SITES DAS INSTITUIÇÕES ARQUIVÍSTICAS MUNICIPAIS POR REGIÃO EM 2004 E 2009

Região	Estado	2004 Sites por estado	2004 Sites por região		2009 Sites por estado	2009 Sites por região	
Sudeste	São Paulo	3 (33%)	7 (78%)	89%	3 (18%)	8 (50%)	94%
	Minas Gerais	3 (33%)			3 (18%)		
	Rio de Janeiro	1 (11%)			2 (13%)		
Sul	Rio Grande do Sul	1 (11%)	1 (11%)		2 (13%)	7 (44%)	
	Santa Catarina				5 (31%)		
Nordeste	Bahia	1 (11%)	1 (11%)	11%	1 (6%)	1 (6%)	6%
Total		9	9	100%	16	16	100%

QUADRO 12. DISTRIBUIÇÃO DOS SITES DAS INSTITUIÇÕES ARQUIVÍSTICAS MUNICIPAIS E ESTADUAIS POR REGIÃO EM 2004 E 2009

Região	2004 nº de municípios		nº de estados	Total	%	2009 nº de municípios		nº de estados	Total	%
Sudeste	7	+	4	11	58	8	+	4	12	48
Sul	1	+	2	3	16	7	+	3	10	40
Nordeste	1	+	2	3	16	1	+	–	1	4
Norte	0	+	1	1	5	–	+	1	1	4
Centro-Oeste	0	+	1	1	5	–	+	1	1	4
Total				19	100				25	100

No resultado de 2004, a maioria dos sites estava localizada na região Sudeste (58%); em segundo lugar vinham as regiões Sul e Nordeste, com 16% cada. No resultado de 2009, ainda há maioria dos sites na região Sudeste (48%), porém, em segundo lugar vem a região Sul, com um resultado bem próximo (40%). Em 2004, a região Sudeste e a região Sul, somadas, representavam 74% dos sites; em 2009, a soma das mesmas regiões representava 88% dos sites.

Análise das instituições na internet

As dimensões de variáveis que podem ser inferidas do roteiro de análise (de acordo com o formulário do Anexo A) foram agregadas nas seguintes categorias de análise dos sites: conteúdo (aspectos gerais e aspectos arquivísticos); desenho e estrutura. Essa parte da pesquisa foi a repetida em 2009, e as respostas aos questionários contribuíram para esclarecer as questões a seguir.

Análise dos sites

CONTEÚDO – ASPECTOS GERAIS

Para que o visitante faça um bom uso do site e, consequentemente, da instituição arquivística, é necessário que ele seja informado sobre o que é o arquivo e o tipo de informação que pode obter na instituição. O site deve conter esse gênero de esclarecimento para contextualizar a documentação e as condições de surgimento dos acervos. A página de abertura é o ponto de partida dos vários conteúdos e páginas dos sites. A partir dela é determinado o caminho que cada usuário irá seguir.

Na primeira etapa da pesquisa, em 2004, apenas dois sites de instituições municipais informavam sobre seus objetivos. Já em 2009, essas informações estavam presentes em sete sites (26,9%). Nesse caso, houve um aumento bastante significativo de 10% para 26,9%. Em relação às informações sobre a instituição, todos os índices aumentaram de forma expressiva. Embora elas tenham se tornado mais frequentes, ainda assim, em 2004, não eram todos os sites que as apresentavam. O histórico da instituição aparecia em 19 sites (95%), e apenas um dos municipais – Arquivo Histórico de Porto Alegre Moysés Vellinho – não o fornecia. Em 2009, todos apresentavam o histórico.

As informações sobre o histórico da instituição estão presentes na quase totalidade dos sites na primeira etapa e em todos na segunda, embora muitos deles não tenham outras informações importantes, tais como os instrumentos de pesquisa. Esse fato pode ter relação com o forte caráter histórico das instituições.

As indicações sobre endereço, telefone (às vezes as formas de acesso), na etapa de 2004, estavam em 19 sites (95%). Esses dados são importantes porque a maior parte das pesquisas ainda é feita de forma presencial, na sala de consulta dos arquivos. Portanto, informar como se chega até a instituição é imprescindível. Uma divulgação sobre a instituição arquivística que não ensina como se chega a ela é incompleta e não se efetiva. Assim, o fato de um dos sites – Arquivo Público Municipal de Indaiatuba – não incluir endereço e telefone surpreende, uma vez que seu atendimento pela internet não substitui o presencial, prejudicando, dessa forma, a função de divulgar o acervo. Já em 2009, todos os sites apresentavam essas informações. A presença de histórico e endereço das instituições aumentou de 95% para 100%; essas já eram informações que constavam na quase totalidade dos sites na primeira etapa, ainda assim é muito positivo que, na segunda aferição, o índice tenha atingido todos eles.

As informações sobre as competências da instituição, em 2004, constavam em 17 sites (85%), e em 2009 apareciam em todos eles; houve um aumento de 85% para 100%. A estrutura organizacional estava presente em 10 sites (50%), e na segunda etapa, em 18 sites (69,2%). Os programas de trabalho constavam de 11 sites (55%), e em 2009, em 20 sites (76,9%). Os quadros diretores, que apareciam em seis sites (30%), no segundo momento figuravam em 15 sites (57,7%). As informações sobre os sites apresentaram crescimento em todos os aspectos, o que demonstra que eles estão apresentando as instituições de maneira mais completa. As competências da instituição já tinham bom índice em 2004 (85%), e em 2009 apareciam em todos. A estrutura organizacional e os programas de trabalho tiveram aumentos bem expressivos, e os quadros diretores alcançaram, em 2009, um índice que é praticamente o dobro do encontrado em 2004.

A linguagem utilizada, em ambas as análises, foi considerada adequada em todos os sites; de um modo geral é clara, objetiva e formal. É acessível, mas utiliza terminologia arquivística.

Na etapa de 2004, estavam disponíveis informações sobre a existência de conteúdos (relatórios, manuais, normas etc.) do site em documentos escritos em um site estadual – Arquivo Público do Estado do Espírito Santo –, mas não se informava como podiam ser obtidos. O site do Arquivo Nacional apresentava documentos desse tipo, todavia, sem a necessidade de fazer download; estão todos disponíveis no próprio site. Em 2009, encontravam-se informações sobre a existência de conteúdos do website em documentos escritos e também sobre a forma de obtê-los em 15 sites (57,7%). Esse índice aumentou de forma muito expressiva: de 15% para 57,7%; e a forma de obtê-los, de 5% para 38,5%, o que indica melhor utilização desse recurso.

Em 2004, o responsável pelo conteúdo do site era apresentado em apenas três sites (15%); em 2009, em seis (23%); ainda assim, na maioria das vezes, não era informado o e-mail dos responsáveis. Apesar de ter dobrado o número de sites, o aumento em percentagem não foi muito alto.

Encontramos links relacionados à administração pública na qual se insere a instituição arquivística em 16 sites (80%), em 2004, e em 22 sites (84,6%), em 2009, revelando um aumento pequeno. Em alguns casos, cabe frisar, o site está ligado ao da administração (prefeitura, governo ou secretaria). Os que estão ligados aos sites ou portais da administração do governo ou da prefeitura demonstram uma produtiva união com a respectiva área de informática. Seguem uma padronização em referência aos outros sites da esfera de atuação, facilitando a localização de serviços entre os vários órgãos, a busca e a melhor utilização dos sites.

Existiam informações sobre programas, planos, projetos e relatório anual da instituição em três sites (15%), e possibilidade de download em apenas um (5%) deles, em 2004; em 2009, em 15 sites (57,7%), e a possibilidade de download em 10 (38,5%). Aqui se registra também um aumento significativo, que demonstra evolução na maneira de utilizar os recursos do website.

Em 2004 não havia informações sobre material protegido por direitos autorais em nenhum site; já em 2009 essas informações estavam presentes em cinco deles (19,2%). Ainda eram poucos, mas isso já representa um crescimento.

CONTEÚDO – ASPECTOS ARQUIVÍSTICOS

No que diz respeito aos aspectos arquivísticos propriamente ditos, a maioria das informações apresentadas era sobre o acervo das instituições. Em 2004, constavam em 19 sites (95%) as características gerais do acervo; em 18 (90%), a data-limite; em 17 (85%), a tipologia documental; e em 14 (70%), a quantificação. Já em 2009, todos os sites informavam sobre as características gerais. A data-limite e as tipologias documentais estavam presentes em 25 sites (96,2%), e a quantificação do acervo em 22 sites (84,6%). Em todos esses itens observou-se crescimento: em relação às características gerais, a diferença foi pequena, uma vez que, na primeira verificação, o índice já havia sido alto (95%), mas, na segunda, atingiu 100% dos sites, o que é muito positivo. Informações sobre a data-limite do acervo cresceram de 90% para 96,2%; sobre as tipologias documentais, o aumento foi de 85% para 96,2%, e sobre a quantificação, subiu de 70% para 84,6%.

A importância da apresentação de informações sobre o acervo nos sites reside no fato de ela determinar a ida ou não do usuário ao arquivo. Se a instituição divulga seus fundos, que tipos de documento reúne, assuntos e datas-limite, ela permite que o usuário tenha uma informação preliminar sobre o acervo, o que faz com que ele possa decidir sobre as vantagens e desvantagens de sua ida ao arquivo. Sendo assim, a presença dessas informações nos sites é fundamental.

Poucas instituições indicam seus métodos de trabalho arquivístico: em 2004, três sites (15%) apresentavam arranjo e descrição dos documentos; o mesmo número informava sobre emprego de tecnologias da informação; seis (30%) mencionavam a avaliação e transferência de documentos. Alguns sites que ofereciam informações sobre a avaliação de documentos faziam isso como serviço de utilidade, ensinando como proceder, dando algumas orientações – o que é, as legislações sobre o assunto, entre outras. Trata-se de um dos mais importantes e controvertidos procedimentos da arquivologia, gerando uma justificada demanda por informação. Já em 2009, esse índice subiu para 20 sites (38,5%), da seguinte maneira: oito (30%) abordavam as questões de arranjo e descrição dos documentos; sete (26,9%) mencionavam assuntos sobre avaliação e transferência dos documentos; e cinco sites (19,2%) referiam-se ao emprego de tecnologias da informação. Dois dos aspectos apresentaram crescimento, porém, os índices de 2004 já eram baixos. Assim, apesar de o aumento ter sido bem significativo, a incidência continuava baixa em 2009: as informações sobre o emprego de tecnologia da informação representaram o aumento menor, de 15% para 19,2%; sobre arranjo e descrição, o índice dobrou, apesar de ainda ser baixo – passou de 15% para 30%; sobre avaliação e transferência, houve até certa diminuição, apesar de pequena – de 30% para 26,9%.

Os instrumentos de pesquisa assumem uma importância fundamental nos arquivos. Eles têm a função de guiar o usuário pelo acervo, de fazer a união entre o pesquisador e o documento. Este deveria ser também o ponto alto de um site. Os instrumentos de pesquisa permitem que o usuário chegue à informação desejada, e, se o arquivo não atende às consultas pela internet, o simples fato de disponibilizar os instrumentos de pesquisa já faculta que o usuário tome conhecimento do acervo e saiba se ali há algo que lhe interessa ou não – evitando uma ida desnecessária à instituição, com deslocamentos, perda de tempo etc.

Em 2004, as informações sobre os instrumentos de pesquisa estavam presentes em 14 sites (70%), e 12 (60%) deles permitiam a consulta a algum tipo de instrumento de pesquisa (no mínimo, o guia de fundos); alguns estavam disponíveis para download.

As soluções utilizadas para disponibilizar os instrumentos de pesquisa eram variadas e situavam-se em diversos níveis: sites que disponibilizavam guia de fundos (12); sites que permitiam a busca por assunto, remetendo ao guia de fundos; havia poucos em bases de dados (três, sendo eles o Arquivo Nacional, o Arquivo Público do Paraná e o Arquivo Público do Estado do Rio de Janeiro); instrumentos disponíveis em PDF; instrumentos para download; sites em que os instrumentos encontravam-se padronizados de acordo com a norma Isad-G[12] (quatro); listagem dos instrumentos existentes, porém não disponíveis para consulta no site. Em alguns casos, havia conjugação de mais de uma dessas opções.

Já em 2009, encontraram-se os instrumentos disponíveis para serem consultados em 21 sites (80,8%), grande parte deles seguindo as normas Isad-G ou Norma Brasileira de Descrição Arquivística (Nobrade). Em seis casos os instrumentos estavam disponíveis em bases de dados (23,1%). Alguns exemplos de instrumentos de pesquisa em 2009 eram: Arquivo Público do Distrito Federal, lista dos instrumentos de pesquisa da instituição, mas sem disponibilizá-los. Arquivo Público do Estado do Rio de Janeiro, instrumento de pesquisa on-line em Isad-G e em PDF para download; Arquivo Público do Estado do Espírito Santo, instru-

---

12 Norma geral internacional de descrição arquivística, estabelece diretrizes gerais para a preparação de descrições arquivísticas.

mento de pesquisa em base de dados e possibilidade de visualizar documentos e fotografias em PDF; Arquivo Público Municipal de Santos, instrumento de pesquisa padronizado de acordo com a Nobrade; Arquivo Público e Histórico de Ribeirão Preto, guia em PDF; Arquivo Público Mineiro, instrumento de pesquisa nas normas Isad-G e em bases de dados para consultas de acervos fotográficos, de imagem em movimento, de jornais e revistas; Arquivo Público do Estado do Pará, possibilidade de download de alguns instrumentos de pesquisa, de alguns fundos.

Dada a importância dos instrumentos de pesquisa para a consulta às instituições arquivísticas, é muito significativo que tenha havido evolução nesse aspecto. A possibilidade de consulta aos instrumentos pelo site aumentou de 60% para 80%, o que representa uma mudança muito positiva; a consulta a instrumentos por intermédio de bases de dados aumentou de 15% para 23%.

Sobre a estrutura de atendimento ao usuário, em 2004, 14 (70%) informavam o horário de funcionamento e 16 (80%) informavam as formas de atendimento. Em 2009, figurava a estrutura de funcionamento do atendimento ao usuário em 24 sites (92,3%), o horário e as formas, em 22 dos sites (84,6%). O atendimento ao usuário representa um aspecto importante que demonstra evolução entre as duas verificações.

Apesar de as consultas on-line representarem uma potencial ampliação dos serviços prestados, em 2004 apenas quatro sites (20%) incluíam o atendimento a consultas pela web. Em 2009, esse índice aumentou para 14 sites (53%). Esta talvez seja uma das mudanças mais importantes para que a ampliação dos serviços realmente venha a acontecer. O atendimento por correspondência estava presente, em 2004, em cinco sites (25%), e em 2009 aparecia como opção em nove sites (34,6%). A maioria mencionava o atendimento no local, na sala de consulta, nas duas fases da pesquisa: 18 sites (90%) em 2004 e 25 sites (96,2%) em 2009, às vezes incluindo o horário de funcionamento. A despeito disso, a maioria – 17 em 2004 e 22 em 2009 – divulgava o e-mail da instituição, o que representa uma forma de contato, de fazer alguma pergunta ou tirar alguma dúvida, ou mesmo de fazer uma consulta.

Em 2004, ficou claro que a maioria dos sites tinha como pressuposto a ida do usuário até a instituição para a pesquisa. O fato de serem poucos os que atendiam pela web reforçava a ideia de que o objetivo principal do site era mesmo servir à divulgação. Em 2009, pôde-se observar uma evolução desse quadro, com aumento do índice de atendimento a consultas pela web; mesmo com um crescimento de 20% para 53% – uma diferença considerável –, isso ainda é apenas algo em torno da metade dos sites, o que não é suficiente para se afirmar que o atendimento aos usuários dos arquivos públicos por meio dos sites na internet é representativo.

São poucos os sites que disponibilizam a legislação arquivística geral ou específica de sua esfera de atuação. Em 2004, encontrava-se a legislação em apenas cinco sites (25%), com possibilidade de download em todos eles. Em 2009, ela estava em nove sites (34,6%), com possibilidade de download em todos eles. Apesar de o índice ainda ser baixo, houve um aumento entre as duas aferições.

Em 2004, existiam referências a regras gerais de acesso em quatro sites (20%), a restrições de acesso em três (15%), e à privacidade em apenas um (5%). Em 2009, as regras gerais de acesso figuravam em 18 sites (69,2%); as restrições de acesso eram mencionadas em 10 (38,5%); e havia referências à privacidade apenas em quatro deles (15,4%). Esses três aspectos apresentaram altos índices de aumento. Em relação às regras de acesso, o crescimento foi de 20% para 69%; sobre restrições de acesso, foi de 15% para 38%; a respeito da privacidade, o índice, apesar de ter subido de 5% para 15%, ainda continua baixo.

As restrições de acesso são mencionadas em poucos sites, tratando-se em geral de: direito à privacidade, documentos em idade intermediária, documentos relativos à segurança do Estado. Um dos sites refere-se à documentação de polícia política e expõe quem tem direito de acesso a esses documentos (os próprios interessados ou seus herdeiros).

A previsão de tempo para resposta, em 2004, estava presente em dois (10%) sites, e em 2009 em oito (30,8%). Essa informação demonstra respeito ao usuário, cientificando-o do tempo de espera da resposta e evitando que ele não saiba se será respondido. Essa previsão ainda é mencionada em poucos sites, apesar de haver se registrado um bom aumento.

Em 2004, existiam bibliotecas sobre temas arquivísticos em 11 instituições (55%); algumas delas disponibilizavam seus catálogos para consulta. Em 2009, esse recurso estava presente em 14 sites (53,8%). Nesse caso, detectou-se uma diminuição, porém tão pequena, que se pode afirmar que ele não sofreu modificação.

Em 2004, os links (externos) arquivísticos estavam presentes em 10 sites (50%); oito deles (40%) apresentavam publicações arquivísticas; em certos casos, permitiam-se downloads de algumas delas. Em 2009, os links arquivísticos atualizados e as publicações arquivísticas apareciam em 13 sites (50%). O site é um canal que pode ser explorado não apenas para a divulgação do acervo e da instituição, mas também para ampliar a comunicação científica entre profissionais da área da informação, com a publicação de revistas virtuais, disponibilização de publicações convencionais, anais de eventos etc. Os links arquivísticos permaneceram iguais nos dois períodos da pesquisa (50%), e as publicações arquivísticas cresceram de 40% para 50%.

Em 2004, nenhum site incluía perguntas mais frequentes sobre temas arquivísticos e as respectivas respostas (FAQ); em 2009, elas figuravam em dois sites (7,7%), representando um pequeno aumento. Glossários de termos arquivísticos, em 2004, apareciam em três sites (15%), e em 2009 estavam presentes em quatro (15,4%), mantendo-se, portanto, o mesmo índice. Esses recursos eram pouco utilizados na primeira e também na segunda verificação.

DESENHO E ESTRUTURA

A importância desses dois aspectos está no fato de que o usuário deve encontrar o que procura com facilidade, simplicidade e agilidade. Além disso, o site deve transmitir as ideias com clareza e organização, e permitir navegação e interfaces agradáveis. Dificuldades, lentidão e problemas técnicos prejudicam a relação do usuário com o site.

Enquanto em 2004 o recurso "mapa do site" era encontrado em todos os sites, o mecanismo de busca estava presente em poucos deles, em apenas três (15%). Em 2009, o mapa do website está disponível em 10 sites (38,5%), e o mecanismo de busca foi incluído em 14 (53,8%). Em relação ao mapa do site houve um decréscimo de 100% em 2004 para 38,5% em 2009. Já o mecanismo de busca no site apresentou um crescimento bastante significativo, de 15% para 54%. Esse mecanismo é um recurso sofisticado, que permite uma procura mais específica, enquanto o mapa do site orienta apenas em relação às várias seções e páginas existentes, permitindo uma visão geral de seu conteúdo.

Em ambas as análises, observou-se que nenhum dos sites necessitava de hardware ou software específicos para consulta. Apenas os que permitem download, em alguns casos, exigem o Acrobat Reader, para abrir os documentos em formato PDF. Em 2004, nenhum site utilizava outro idioma – o que poderia ampliar sua utilização para outros países, na rede internacional –, e em 2009 um site (3,8%) oferecia esse recurso, o Arquivo Público Mineiro, o que revelava um aumento muito pequeno.

Nas duas análises, nenhum site incluía salas de *chat*, recurso que possibilita a programação de reuniões informais com usuários de vários lugares. Em nenhum deles havia utilização de som (para entrevistas, discursos etc.) nem gráficos com dados estatísticos. Em 2004, além desses itens, nenhum site utilizava imagem em movimento, embora esse recurso seja possível na internet. Os sites apenas reproduziam documentos textuais ou impressos, num exemplo de apropriação da nova tecnologia com a mesma utilização da anterior.

Em 2009, já se assinalava o uso de imagem em movimento. O Arquivo Público Mineiro é o único que disponibilizava esse tipo de imagem para consulta na internet, com trechos de filmes do acervo que podiam ser vistos no site. Além das imagens em movimento, era possível consultar os acervos fotográfico, de revistas e jornais. A instituição disponibilizava também um vídeo institucional em que explicava o que é o arquivo, qual o trabalho realizado, entre outras informações sobre o acervo e a instituição, por meio de imagens em movimento e uma narração. O Arquivo de Santos também exibia um vídeo institucional no qual se podia conhecer o trabalho da instituição; esse vídeo também estava disponível no Youtube.[13]

A existência do vídeo institucional é um expediente criativo e atraente para apresentar o trabalho do arquivo de forma mais dinâmica que os tradicionais textos e fotos, apropriando-se dos recursos que a internet oferece. A possibilidade de consultar parte do acervo de imagem em movimento é uma evolução a ser registrada. Embora esse recurso ainda fosse incipiente nos arquivos pesquisados – existia apenas em um site –, isso já representa uma boa perspectiva.

Em 2009 não havia utilização de anúncios em nenhum dos sites. Em 2004, figuravam anúncios em um site (5%) de instituição municipal, apresentados com clareza suficiente para diferençá-los das outras informações. Os anúncios do Arquivo Público Municipal de Indaiatuba (em 2004) eram em forma de *pop-up*[14] que se abriam no acesso ao site, um do Ig e um do HPG, os dois relacionados ao provedor. Esse aspecto é sintomático da dificuldade das instituições públicas em dispor de recursos financeiros para desempenhar suas funções, fazendo com que um site de informação governamental tenha seu site em um domínio comercial (.com). Embora isso não seja o mais adequado, a solução viabiliza a disponibilização do site na internet, quando não há meios públicos para tanto. A ausência de anúncios em 2009 significa melhoria das condições de autossuficiência dos arquivos.

Tanto em 2004 quanto em 2009, os sites eram adequados em relação à precisão gramatical e tipográfica, e em apenas um deles em cada período (5% e 3,8%, respectivamente) não havia facilidade para localizar e usar a informação. Os leiautes eram simples, esteticamente agradáveis, o que facilitava seu manuseio. Em 2004, apenas um fugia a esse padrão, apresentando certa desarmonia visual e atrapalhando a utilização. Os títulos eram claros e auxiliavam na localização das seções, com apenas duas exceções, em

---

13 YouTube é um site que permite aos usuários carregar e compartilhar vídeos em formato digital. Hospeda grande variedade de filmes, videoclipes e produções caseiras. O material encontrado no YouTube pode ser disponibilizado em blogs e sites pessoais com a ajuda de mecanismos desenvolvidos pelo site.
14 Janela ou quadro que surge aleatoriamente em um site que se está acessando, em geral para divulgar anúncios publicitários de determinados produtos.

2004, nas quais os títulos davam margem a dúvidas em relação ao conteúdo. Esses dois aspectos já alcançavam de forma positiva a quase totalidade dos sites em 2004, e em 2009 chegaram a 100%.

Em 2004, havia possibilidade de utilização de formulários eletrônicos on-line para a solicitação de serviços em apenas dois sites (10%), e em 2009, em nove (34,6%); a utilização de pesquisa online em dois níveis (um geral, outro para usuários mais especializados) só havia no site do Arquivo Nacional, nos dois períodos. Os formulários eletrônicos têm a vantagem de facilitar a comunicação entre o usuário e a instituição. O usuário preenche os campos com todas as informações necessárias, sem o risco de omitir algo que pode prejudicar a consulta; por sua vez, a instituição arquivística padroniza as consultas, o que facilita seu trabalho.

Na etapa de 2004, observou-se a existência de informação sobre data de criação do site em sete deles (35%), com o mesmo índice de referências à data da última atualização. Já em 2009, apenas quatro (15,4%) indicavam a data de criação, e dois (7,7%) incluíam a data da última atualização. Este último dado é fundamental para o uso do site e a credibilidade do conteúdo que ele oferece. Essas datas foram dois aspectos que apresentaram diminuição, passando de 35% em 2004 para 15% e 7% em 2009, respectivamente. O resultado significa um retrocesso; se os índices de 2004 já eram baixos, houve uma piora.

Em 2004, em sete sites (35%) havia uma seção do tipo "novidades", indicando mudanças recentes no site (de conteúdo ou de formato), ou novidades relacionadas à área. Em 2009 encontrou-se essa seção em 19 sites (73,1%), o que revela aumento bem expressivo. Era possível saber o nome do responsável em seis sites (30%) – em quatro deles (20%), também seu e-mail –, em 2004; já em 2009, a indicação do responsável pelo website estava presente em 11 sites (42,3%), representando um aumento, embora discreto.

A utilização de um menu de navegação (toolbar) em todo o website estava presente em 19 sites (95%), em 2004, e em todos eles em 2009. O recurso de voltar para a página anterior e/ou à página principal, em todas as áreas, desvinculados das funções do browser utilizado pelo usuário, na análise de 2004, estava disponível em 19 sites (95%); em 2009 estava presente em 21 (80,8%). Nesse aspecto, observou-se uma diminuição.

Em 2004, era possível utilizar download para obter documentos institucionais em oito sites (40%), e em 2009, em 12 (46,2%); as instruções para facilitar o processo (especificações sobre o tamanho do arquivo, formato etc.) figuravam em apenas um site, em 2004, e em três (11,5%), em 2009. Houve um crescimento, porém pequeno. O recurso de disponibilizar documentos para download poderia ser mais utilizado na divulgação do acervo, dos instrumentos de pesquisa, de documentos, publicações, textos científicos e muitos outros.

São exemplos de documentos disponíveis para download: textos sobre eventos; textos sobre avaliação, tabela de temporalidade, teoria das três idades, entre outros; instrumentos de pesquisa; história da cidade em que está o arquivo; planilhas, questionários; publicações arquivísticas de obras esgotadas (algumas assinaladas com "em breve"). Os de maior incidência na oferta ao usuário são os instrumentos de pesquisa.

Em 2004, nenhum dos sites oferecia a opção de navegar sem as imagens, para tornar mais rápido o acesso; em 2009, dois sites (7,7%) ofereciam essa opção. Em 2004, em sete sites (35%) estava presente o uso das imagens. Em 2009, havia utilização de ilustrações que efetivamente valorizavam e auxiliavam os objetivos do website em 22 deles (84,6%). Nas duas análises, não há imagens e ilustrações em três sites, o que equivale a 15% em 2004 e 11,5% em 2009. A maioria dos sites lança mão, em suas páginas e seções, de imagens do acervo e/ou da instituição arquivística, como a fachada, os depósitos, a equipe trabalhando. Em alguns, apresentam-se exposições virtuais, em que se exibem fotografias do acervo ou reproduções de documentos, com a opção de acesso às imagens ampliadas e com maior resolução. O uso das imagens apresentou um crescimento muito expressivo, de 35% para 84,6%. A opção de navegar sem imagens, que não existia na primeira pesquisa, passou a ser adotada em 2009, mas com um índice ainda muito pequeno, 7,7%.

Os sites que citavam links e utilizavam recursos gráficos visíveis na menção do URL dos links citados eram 14 (70%) em 2004 e passaram a 23 (88,5%) em 2009. Os outros não apresentavam links: seis (30%) em 2004 e três (11,5%) em 2009. A maioria dos sites – 17 (85%) em 2004 e 22 (84,6%) em 2009 – oferecia alguma forma de responder a questões, uma maneira de estabelecer contato por correio eletrônico. Nesse caso, o índice já era alto e se manteve.

Em relação aos domínios, os sites das instituições arquivísticas apresentavam grande diversidade determinada por vários aspectos. O primeiro é a própria subordinação hierárquica da instituição no governo em que ela se insere (por exemplo, cultura, administração, prefeitura etc.). Outro é que há domínios gov, org e ainda domínios comerciais (.com), na seguinte distribuição:[15]

QUADRO 13. DISTRIBUIÇÃO DOS DOMÍNIOS DOS SITES DAS INSTITUIÇÕES NOS ANOS DE 2004 E 2009

Domínio	gov	org	com
2004	17	1	2
2009	20	1	5

QUADRO 14. DISTRIBUIÇÃO DOS DOMÍNIOS DOS SITES POR ESFERA DE ATUAÇÃO NOS ANOS DE 2004 E 2009

	Nacional	Estaduais	Municipais		
2004	gov	gov – 10	gov – 6	com – 2	org – 1
2009	gov	gov – 9	gov – 10	com – 5	org – 1

---

15 Levando somente em consideração as instituições que possuem sites, excluindo, portanto, as páginas.

Outro aspecto importante que também determina as diferenças é a grande variedade nos nomes das instituições. A falta de padronização no que se refere aos domínios em parte é consequência desse fator. Por exemplo: Arquivo Público do Estado de ... (9); Arquivo Público de ... (2); Arquivo Público ... (3); Arquivo do Estado de ... (1). Nos arquivos municipais, é ainda maior a falta de padrão nos nomes das instituições: Arquivo Público do Município de ... (1); Arquivo Público Municipal ... (2); Arquivo Geral da Cidade de ... (1); Arquivo Histórico do Município de ... (2); Arquivo Histórico Municipal de ... (2); Arquivo Municipal de ... (1); Arquivo Público e Histórico de ... (1); Arquivo Histórico de ... (5); Arquivo Público de ... (2). Há, ainda, as instituições que recebem outros nomes, homenageando pessoas: Arquivo Histórico de Porto Alegre Moysés Vellinho; Arquivo Público Estadual Jordão Emerenciano (PE); Arquivo Histórico Municipal Washington Luís (SP); Arquivo Histórico José Ferreira da Silva (Blumenau, SC).

Todas são http e www; a partir daí, não há padrão. Depois, pode figurar, por exemplo, arquivoestado.sp; arqpep.pa; apmt.mt; pbh. E ainda há os que começam com o nome dos órgãos: Sea.sc; fisepe.pe, cultura.mg, rio.rj, portoalegre.rs, como tantos outros. Os mais próximos de alguma uniformização são: <www.ape.es.gov.br>; <www.ape.rn.gov.br>; <www.aperj.rj.gov.br>; <www.apep.pa.gov.br>.

A não existência de uma denominação clara dificulta o acesso do usuário à instituição arquivística por intermédio dos mecanismos de busca, uma vez que estes não reconhecem a instituição ou sua esfera de atuação se não constar do nome.

O documento do Conarq que indica diretrizes para elaboração de sites de instituições arquivísticas (Diretrizes Gerais..., 2000:6) sugere o uso do domínio gov.br para arquivos públicos; e, para a formação do nome de domínio, a utilização de nomes que identifiquem o serviço com o órgão que o disponibiliza. Recomenda, ainda, evitar o uso de siglas quando não conhecidas do público, ou privilegiar a mais conhecida. A grande maioria dos domínios analisados não condiz com essas recomendações.

Dos sete aspectos a serem evitados e que foram averiguados, na análise de 2004, quatro não apareciam nos sites: expressões do tipo "clique aqui"; utilização de design que retarda o acesso às páginas principais (textos preliminares longos, imagens de alta resolução ou desnecessárias); utilização de recursos gráficos que impossibilitam a impressão integral dos textos e imagens (coloridas ou monocromáticas); e utilização de frases curtas quando da sugestão de links. Quanto aos outros três aspectos, observaram-se: três páginas em construção (15%); quatro sites (20%) com expressões do tipo "*home*" ou outras palavras que não fazem parte do idioma em que o site está sendo apresentado; e o mesmo número de páginas com textos longos e uso indiscriminado de imagens.

Na análise de 2009, entre os aspectos a serem evitados, observaram-se: as páginas com textos longos e uso indiscriminado de imagens diminuíram de 20% para 3,8% (apenas um site); a utilização de design que retarda o acesso das páginas principais e de recursos gráficos que impossibilitam a impressão integral dos textos e imagens apresentaram um aumento mínimo, de zero para um site (3,8%). O emprego de frases curtas para sugerir links cresceu de zero para quatro sites (15%). Expressões do tipo "clique aqui" aumentaram de zero para três sites (11,5%). O índice de páginas em construção praticamente se manteve, 15% em 2004 e 15,4% em 2009. Expressões do tipo "*home*" ou outras palavras que não fazem parte do idioma em que está sendo apresentado o site se mantiveram, passando de 20% para 23%.

As taxas percentuais aferidas nos dois momentos (2004 e 2009), de maneira geral, aumentaram. Algumas de forma bem significativa, outras, mais discretas. O resultado geral indica um avanço na transferência da informação arquivística pela internet. Não se pode dizer, porém, que ela está sendo feita de maneira expressiva. Ainda não existe, na maioria dos sites, um atendimento aos usuários equivalente ao realizado nas cidades em que se situam as instituições, com a ida às salas de consulta. São ainda muito poucas as instituições que oferecem condições para isso, tanto no que se refere às informações sobre o acervo quanto a possibilidade de consultá-lo.

Alguns aspectos foram observados no decorrer do levantamento de dados, apesar de inicialmente não constarem do formulário de coleta de dados: número de visitantes e livro de visitas. Em 2004, quatro sites (20%) tinham mecanismo para contar o número de visitantes (contador de acessos ao site), e dois permitiam que, por um desdobramento, se obtivessem informações sobre esses visitantes – por exemplo, localização geográfica, hora do acesso, tempo de permanência no site, páginas visitadas, informações sobre quantas visitas foram feitas por dia, por hora, por semana, entre outras informações. Esse também é um instrumento para conhecer o usuário.

O livro de visitas é um recurso interessante no que se refere a uma possibilidade, ainda que pequena, de interação. Estava presente em um site (5%), o da Fundação Arquivo e Memória de Santos. Este é um espaço onde se podem escrever livremente opiniões, impressões, críticas, sugestões, o que for necessário. Permite que o usuário leia o que as outras pessoas escreveram e até troque informações. Além disso, esta é mais uma forma de contato com a instituição arquivística, e se torna, para ela, uma maneira de conhecer os usuários, saber o que pensam, seus anseios, suas opiniões em relação ao serviço oferecido, além de promover o intercâmbio e o diálogo entre eles.

Dois arquivos chegavam a oferecer consulta mais minuciosa, permitindo a visualização em PDF de documentos digitalizados. No caso do Arquivo Público do Estado do Espírito Santo, eram passaportes e contratos, fotos, relatórios, catálogos e publicações. No Arquivo Público do Paraná, eram relatórios de presidentes de província (1854-89) e mensagens de governo (1892-1930).

O Arquivo do Estado de São Paulo é o órgão central do Sistema de Arquivos do Estado (Saesp). Assim, o site, além de disponibilizar informações sobre a instituição arquivística, tem uma página sobre o Saesp, com um link para o site do sistema.

No levantamento de 2009, o Arquivo Público do Estado do Rio Grande do Sul oferecia uma seção no site que dava informações sobre horário, telefone, endereço, e-mail e URL (quando há) dos arquivos municipais do estado do Rio Grande do Sul. O Arquivo Público do Espírito Santo apresentava um link para o "Proged" (Programa de Gestão de Documentos do Estado); além disso, possibilitava consultas sobre os imigrantes e a visualização de fotografias e documentos digitalizados. O Arquivo Histórico José Ferreira da Silva, de Blumenau, tinha um link, "Amigos do arquivo", remetendo para uma associação que debatia questões sobre patrimônio e questões arquivísticas, para qualquer pessoa interessada.

Alguns arquivos expunham em seus sites trabalhos variados, projetos atraentes e soluções criativas para dificuldades operacionais das instituições, maneiras de aproximar e/ou divulgar a instituição para a sociedade, o público em geral, e de formar usuários do futuro. O Arquivo Histórico de Juiz de Fora dispunha de um projeto em que idosos colaboravam na identificação de fotografias do acervo. O Arquivo Histórico de Porto Alegre Moysés Vellinho apresentava vários projetos educativos explorando o acervo, prédios históricos, papel, documentos, livros, arquivologia, entre outros, com o objetivo de disseminar o conhecimento, realçando a importância da valorização do patrimônio, por meio de jogos, oficinas, visitas e outras atividades de caráter lúdico, voltadas sobretudo para o público estudantil.

O Arquivo Histórico de Joinville incluía projetos principalmente em três áreas distintas: trabalho voluntário da terceira idade, que une o caráter social aplicado à terceira idade e a contribuição à memória da cidade – algumas atividades desenvolvidas pelos voluntários, como higienização de documentos, confecção de embalagens e acondicionamento, ordenação alfabética e conferência; trabalho de adolescentes autores de ato infracional cumprindo prestação de serviços à comunidade; núcleo de programas educativos, voltado para estudantes com o objetivo de incentivar uma atitude de responsabilidade frente ao patrimônio cultural da cidade – ele atendia às escolas públicas e privadas com vários programas voltados para os públicos infantil, de ensino fundamental e médio, trabalhando com acervos específicos como fotografias e periódicos, e valorizando a preservação dos bens culturais, da história e da memória.

Análise das páginas e dos blogs

As instituições arquivísticas com páginas na internet foram analisadas utilizando um procedimento diverso do empregado para os sites. Foi preenchido o mesmo formulário (Anexo A), porém, dessa vez só com as duas primeiras páginas referentes ao conteúdo – aspectos gerais e aspectos arquivísticos. As páginas seguintes, que dizem respeito a desenho e estrutura dos sites, não foram aplicadas.

Na análise de 2004 foram os seguintes os arquivos pesquisados: Arquivo Histórico Municipal de Americana (SP), Arquivo Histórico Municipal de Tietê (SP), Arquivo Histórico da Fundação Pró-Memória de São Carlos (SP), Arquivo Público Municipal de Paracatu (MG), Arquivo Histórico Municipal Professor Oswaldo Rodrigues Cabral (Florianópolis, SC), Arquivo Público do Estado do Rio Grande do Sul (RS), Arquivo Público do Estado da Bahia (BA), Arquivo Público Estadual de Sergipe (SE) e Arquivo Público do Estado do Ceará (CE).

O site do Arquivo Histórico Municipal Professor Oswaldo Rodrigues Cabral, por estar em atualização, foi incluído na pesquisa na categoria "página". Na época da coleta de dados, era possível ler na página oficial um aviso sobre a atualização e dois ícones: atendimento e contato. No primeiro havia algumas informações, como detalhes sobre o atendimento ao público – endereço, telefone e horário –, acesso, acervo e estrutura administrativa; no contato, a possibilidade de se comunicar por e-mail.

Na análise de 2009, os seguintes arquivos estaduais foram pesquisados: Arquivo Histórico do Rio Grande do Sul (RS), Arquivo Público do Estado da Bahia (BA), Arquivo Público Estadual de Sergipe (SE), Arquivo Público Estadual Jordão Emerenciano (PE), Arquivo Público do Estado do Ceará (CE) e Arquivo Público de Mato Grosso (MT).

No mesmo ano, os arquivos municipais incluídos na pesquisa foram: Arquivo Histórico Municipal Historiador Isaac Grinberg (Mogi das Cruzes, SP), Arquivo Municipal de Campinas (SP), Arquivo Público Municipal de São José dos Campos/Fundação Cultural Cassiano Ricardo (SP), Arquivo Público e Histórico de Jacareí (SP), Arquivo Público Municipal de Indaiatuba (SP), Arquivo Público Municipal de Uberlândia (MG), Arquivo Histórico de Balneário de Camboriú (SC), Arquivo Histórico de Canoinhas (SC), Arquivo Histórico Municipal João Leopoldo Lied (Gramado, RS), Arquivo Histórico Municipal Juarez Miguel Illa Font (Erexim, RS), Arquivo Municipal de Rio das Contas (BA), Arquivo Municipal de Rondonópolis (MT), Arquivo Histórico de Campo Grande (MS).

As páginas, em sua maioria, apresentam as informações principais relativas à instituição: em 2004, histórico e competências constavam de cinco páginas (55%); endereço, telefone e formas de acesso apareciam em sete (78%). Em 2009, histórico, competências e endereço, telefone e formas de acesso figuravam em 14 páginas (73,7%).

Algo semelhante se pôde verificar quanto às informações principais em relação ao acervo: em 2004, as características gerais estavam em oito páginas (89%); datas-limite e tipologia constavam de seis (67%); e a quantificação, de duas (22%). Em 2009, as características gerais estavam presentes em 16 páginas (73,7%); a tipologia documental em 11 (57,9%); as datas-limite em sete (36,8%); e a quantificação em apenas duas páginas (10,5%).

Em relação às páginas, no que diz respeito às informações sobre a instituição, os índices sobre o histórico e as competências tiveram um bom aumento, de 55% para 73,7%, em ambos os casos; já em relação ao telefone e formas de acesso, observou-se uma pequena diminuição, de 78% para 73,7%. Porém, as informações sobre o acervo diminuíram em todos os aspectos: a informação sobre as características gerais caiu de 89% para 73,7%; sobre as tipologias documentais, de 67% para 57,9%; e sobre a quantificação, de 22% para 10,5%. Porém, a queda mais expressiva foi quanto à data-limite dos documentos, de 67% para 36,8%.

Cabe observar que o número de páginas encontradas na pesquisa de 2009 é muito maior que o de 2004, traduzindo-se no crescimento mais expressivo, de 110%. As páginas têm, entre si, níveis muito diferençados de apresentação das instituições arquivísticas; em alguns casos, apenas se faz menção a elas, indicando-se a existência. Assim, na maior parte dos casos, ao comparar o resultado de 2004 com o de 2009, embora a percentagem estivesse menor na segunda etapa, o número de sites é bem maior que na primeira.

Outras informações menos frequentes em 2004 apareciam em maior número em 2009: sobre os serviços de consulta prestados no local figuravam em três páginas (33,3%), e em 2009, em 14 (73,7%); quanto à estrutura de funcionamento do atendimento ao usuário, o horário estava em quatro páginas (44,4%) em 2004, e em 15 (78,9%) em 2009; as formas de atendimento figuravam em três (33,3%) em 2004 e em sete páginas (36,8%) em 2009.

Apenas uma página, a do Arquivo Histórico Moysés Vellinho, de Porto Alegre incluía atendimento por telefone em 2009 (5,3%). Só uma página (5,3%) em 2009 informava sobre instrumentos de pesquisa, mas eles não estavam disponíveis on-line: a do Arquivo Público Municipal de Indaiatuba (catálogos, índices e relações).

Em 2004, existia legislação arquivística com possibilidade de download em apenas uma página (11%), do Arquivo Público do Estado da Bahia. Em 2009 não se encontrou esse recurso em página alguma. Nenhuma das páginas apresentava informações sobre legislação arquivística, privacidade e tempo previsto para resposta. Em 2004, a maioria (sete páginas, 78%) incluía links relacionados à administração pública na qual se insere a instituição arquivística; em 2009, 15 páginas (78,9%) apresentavam esses links.

Por sua vez, grande parte das páginas estava ligada aos sites dos órgãos administrativos aos quais estão subordinados os arquivos. Em 2004, havia quatro (44%) ligadas ao site da prefeitura; duas (22%) ao da Secretaria de Cultura; uma (11%) ao da Secretaria de Administração; uma (11%) ao do governo do estado. Nesses casos, a instituição arquivística era mencionada no interior da estrutura administrativa em questão, o que não deixa de ser uma forma de visibilidade. Uma página estava no site de uma empresa (Arquivo de Tietê). Em 2009, oito páginas (42,1%) se vinculavam ao site da prefeitura; quatro (21,1%) ao da Secretaria de Cultura; três (15,8%) ao de uma fundação; uma (5,3%) ao de um conselho municipal; uma (5,3%) ao do governo do estado; dois em outras categorias (10,5%).

Dependendo do caso, as informações sobre a instituição e seu acervo são detalhadas em maior ou menor nível; alguns exemplos podem ser destacados.

Na verificação de 2004

O Arquivo Público do Estado do Rio Grande do Sul tem apenas uma página em PDF que se abre a partir de um link no site da

Secretaria da Administração e dos Recursos Humanos, Portal do Servidor Público (RS).

O Arquivo Histórico Municipal de Tietê aparece no site de uma empresa que presta serviços na área de organização de arquivos, pesquisa histórica e empresarial, pesquisa acadêmica e informática. O Arquivo de Tietê é um dos trabalhos desenvolvidos pela empresa e tem uma página no site divulgando o serviço de consultoria.

A Fundação Arquivo e Memória de Santos (SP) trabalha com o gerenciamento dos arquivos públicos municipais e com a memória documental e iconográfica da cidade de Santos. É composto de arquivos permanente, intermediário, geral e fotográfico. Apesar de ser uma página no site da fundação, ela detalha o acervo quase como um guia de fundos. É a página mais completa no que se refere ao acervo.

Na verificação de 2009

O Arquivo Histórico de Balneário de Camboriú (SC) tem a revista *Arquivinho*, e produziu-se um curta-metragem com base na revista.

O Arquivo Histórico Municipal Historiador Isaac Grinberg, de Mogi das Cruzes (SP), tem fotos que compõem o acervo do arquivo disponíveis no site.

O Arquivo Público Municipal de Uberlândia (MG) apresenta três projetos. O primeiro, em parceria com um jornal da cidade, publica toda semana uma fotografia antiga para que a população faça a identificação; o segundo integra o Arquivo Público com as escolas locais, propiciando visitas, acesso à documentação, debates sobre a história local; o terceiro dá subsídios para a montagem de exposições fotográficas itinerantes sobre a história da cidade, e é voltado para as escolas de ensino médio e fundamental.

Apenas duas páginas (10,5%) mencionam outros serviços: uma delas oferece biblioteca sobre temas arquivísticos e outra, publicações arquivísticas.

Na segunda etapa da verificação, observou-se outra maneira de inserção das instituições arquivísticas públicas na internet que não havia aparecido na fase anterior. Na verificação de 2004, as instituições apareceram basicamente de duas maneiras: sites ou páginas. Mas em 2009 havia dois blogs.[16] Para ter visibilidade e divulgar seus acervos, duas instituições se utilizam desse recurso. O blog é uma forma mais simples, mais viável economicamente e portanto mais acessível de divulgação. Muitos sites oferecem gratuitamente serviço de hospedagem de blogs, com ferramentas que ajudam na configuração da página na web; alguns desses sistemas de criação e edição de blogs oferecem facilidades, como ferramentas próprias que dispensam o conhecimento de html. Além disso, como tem outro tipo de proposta, o blog oferece também maior possibilidade de interação com os usuários e com o público em geral. O processo de incluir comentários em blogs significou uma democratização da publicação, reduzindo barreiras para que leitores possam se tornar colaboradores.

Em 2009, havia blogs das instituições de Resende e Paracatu. O Arquivo de Paracatu era uma página da prefeitura, mas, durante a fase de coleta de dados, ele se transformou em um blog (embora parecido com um site, utilizava a maneira de hospedagem de blog). Este é mais um exemplo de solução criativa e prática para a instituição estar presente na internet.

Comparação com outras pesquisas

Os resultados da pesquisa de 2009 revelaram uma alteração significativa em relação a levantamentos anteriores. Em 1996, eram três instituições com site na internet; em 1999 já eram 13; em 2004, 20; e em 2009 eram 26.

Na pesquisa de 1999, havia 13 sites, sendo um federal, nove estaduais, dois municipais e um relativo ao Distrito Federal. Na segunda pesquisa, na etapa de 2004, o aumento se deu em relação aos arquivos municipais, com o surgimento de sete, o que representou um aumento de 350%. Na etapa de 2009, eram 26 sites,

---

16 Blog (contração do termo *web log*) é um site cuja estrutura permite a atualização rápida a partir de acréscimos dos chamados artigos, ou *posts*. Estes, em geral, são organizados de forma cronológica inversa, tendo como foco a temática proposta, podendo ser escritos por um número variável de pessoas, de acordo com a política do blog. Muitos blogs reúnem comentários ou notícias sobre um assunto em particular; outros funcionam como diários on-line. Um blog típico combina textos, imagens e links para outros blogs, páginas da web e mídias relacionadas ao tema. A possibilidade de os leitores escreverem comentários e interagir com o autor e outros leitores é uma característica importante de muitos blogs.

e a diferença em relação a 2004, com diminuição de um site de arquivo estadual e o acréscimo de cinco sites de arquivos municipais. O número de 16 sites de arquivos municipais em 2009 representou 78% de aumento em relação a 2004, quando eles eram nove, e de 700% em relação a 1999, quando eram dois. Na pesquisa de 1996 (Jardim, 1999a) havia três instituições; a de 1999 (Jardim, 1999a), 13 instituições; a pesquisa desenvolvida em 2004 contava já com 20 instituições; e na de 2009 foram encontradas 26 instituições. O aumento de 1996 para 1999 foi de 330%; de 1999 para 2004 foi de 55%; e de 2004 para 2009, de 30%. No período de 1996 a 2009, o aumento foi de 770%.

QUADRO 15. ARQUIVOS PÚBLICOS COM SITES NA INTERNET NOS ANOS DE 1999, 2004 E 2009

1999	2004	2009
Arquivo Nacional	Arquivo Nacional	Arquivo Nacional
Arquivo Público do Distrito Federal	Arquivo Público do Estado do Rio de Janeiro	Arquivo Público do Estado do Rio de Janeiro
Arquivo Público do Estado do Rio de Janeiro	Arquivo Público do Estado do Espírito Santo	Arquivo Público do Estado do Espírito Santo
Arquivo do Estado de São Paulo	Arquivo do Estado de São Paulo	Arquivo do Estado de São Paulo
Arquivo Público do Estado do Espírito Santo	Arquivo Público Mineiro	Arquivo Público Mineiro
Arquivo Público do Paraná	Arquivo Público do Paraná	Arquivo Público do Paraná
Arquivo Público do Estado da Bahia	Arquivo Público do Estado de Santa Catarina	Arquivo Público do Estado de Santa Catarina
Arquivo Público Estadual Jordão Emerenciano (PE)	Arquivo Público Estadual Jordão Emerenciano (PE)	Arquivo Público do Estado do Pará
Arquivo Público do Rio Grande do Norte	Arquivo Público do Rio Grande do Norte	Arquivo Geral da Cidade do Rio de Janeiro (RJ)
Arquivo Público do Estado do Ceará	Arquivo Público do Estado do Pará	Arquivo Público Municipal de Campos dos Goytacazes (RJ)
Arquivo Público do Estado do Pará	Arquivo Público de Mato Grosso	Arquivo Histórico Municipal Washington Luís (SP)
Arquivo Geral da Cidade do Rio de Janeiro (RJ)	Arquivo Geral da Cidade do Rio de Janeiro (RJ)	Fundação Arquivo e Memória de Santos (SP)
Arquivo Histórico do Município de Salvador (BA)	Arquivo Histórico Municipal Washington Luís (SP)	Arquivo Público e Histórico de Ribeirão Preto (SP)
	Arquivo Público Municipal de Indaiatuba (SP)	Arquivo Público da Cidade de Belo Horizonte (MG)
	Fundação Arquivo e Memória de Santos (SP)	Arquivo Histórico de Juiz de Fora (MG)
	Arquivo Público da Cidade de Belo Horizonte (MG)	Arquivo Público de Uberaba (MG)
	Arquivo Histórico de Juiz de Fora (MG)	Arquivo Histórico Municipal Professor Oswaldo Rodrigues Cabral (Florianópolis, SC)
	Arquivo Público de Uberaba (MG)	Arquivo Histórico da Fundação Pró-Memória de São Carlos (SP)
	Arquivo Histórico de Porto Alegre Moysés Vellinho (RS)	Arquivo Histórico de Joinville (SC)
	Arquivo Histórico do Município de Salvador (BA)	Arquivo Histórico José Ferreira da Silva (Blumenau, SC)
		Arquivo Histórico Municipal de Jaraguá do Sul (SC)
		Arquivo Histórico de Porto Alegre Moysés Vellinho (RS)
		Arquivo Histórico Municipal João Spadari Adami (Caxias do Sul, RS)
		Arquivo Histórico do Município de Salvador (BA)

A título de comparação, apresentam-se alguns resultados de pesquisa semelhante empreendida nos sites dos arquivos públicos em 1999 (Jardim, 1999a), relativos aos itens verificados nas três oportunidades:

QUADRO 16. INFORMAÇÕES E SERVIÇOS VERIFICADOS NOS SITES DOS ARQUIVOS PÚBLICOS NOS ANOS DE 1999, 2004 E 2009

Arquivos públicos brasileiros na internet	1999	2004	2009
INFORMAÇÕES/ SERVIÇOS			
Sobre o acervo	100%	95%	100%
Sobre os instrumentos de pesquisa	30%	70%	80%
Instrumento de pesquisa on-line	38%	60%	80%
Instrumento de pesquisa on-line em base de dados	15%	15%	23%
Outras bases de dados	0%	0%	0%
Sobre serviços disponíveis aos usuários	76%	90%	96%
Atendimento ao usuário via e-mail	8%	20%	35%
Contador de acessos ao site	54%	20%	8%
Última atualização do site	15%	35%	8%
Links arquivísticos	39%	50%	50%
Mapa do site	0%	100%	39%
Mecanismo de busca do site	0%	15%	54%
Total de sites em cada pesquisa	13	20	26

De forma geral, pôde-se perceber um aumento nos índices dos serviços disponíveis nos sites. Alguns eram mais evidentes, como as informações sobre os instrumentos de pesquisa e mesmo os instrumentos disponibilizados on-line. O atendimento ao usuário por e-mail representava o maior índice de crescimento. Em outros casos, houve até diminuição, como o contador de acessos ao site. As informações sobre o acervo diminuíram em 2004 e voltaram a aumentar em 2009.

Deve-se considerar, contudo, a ampliação do universo da pesquisa, o que faz com que, em certos casos, percentagens menores se traduzam em mais sites que ofereciam o serviço. As informações sobre o acervo constituem um exemplo: a percentagem diminuiu de 100% para 95%, mas na primeira pesquisa isso representava 12 sites, enquanto na segunda eram 19. O instrumento de pesquisa em base de dados não se alterou no que se referia ao percentual (15%), o que representou um aumento de dois para três sites. O contador de acessos ao site teve a queda mais expressiva, de 54% para 20% e para 8%; em números de sites, de sete para quatro e para dois.

A última atualização e o mapa do site foram índices que aumentaram de 1999 para 2004 e apresentaram queda em 2009. A data da última atualização em 2009 estava abaixo da primeira pesquisa, de 1999.

Consulta às instituições arquivísticas

Durante o mês de setembro de 2004, foram encaminhadas mensagens por correio eletrônico para os quatro arquivos que explicitavam no site o atendimento à consulta via web e via correspondência, entre os serviços disponíveis. A mensagem enviada incluía a identificação da pesquisadora, o objetivo e o tema de pesquisa, e algumas perguntas (Anexo B).

Na quinta instituição, o Arquivo Nacional, a consulta foi feita pessoalmente na ocasião da entrevista, já que foram feitas entrevistas nas três instituições arquivísticas localizadas na cidade do Rio de Janeiro. Os outros sites pesquisados foram os das seguintes instituições arquivísticas: Arquivo Público do Estado de Santa Catarina, Arquivo Público do Paraná e Arquivo Público do Estado do Espírito Santo, que ofereciam esse serviço pela web e por correio; e Arquivo Público do Rio Grande do Norte, que assegura o serviço apenas por correspondência.

Foram enviadas as perguntas para as três primeiras instituições. O Arquivo Público do Estado de Santa Catarina e o Arquivo Público do Paraná responderam. Não foi possível enviar e-mail para o Arquivo Público do Rio Grande do Norte, pois no período de pesquisa já não era mais possível localizar o site, embora se fizessem várias tentativas (no endereço anterior, no Google, no site do governo do estado do Rio Grande do Norte e nos links arquivísticos dos sites que dispõem de tal recurso).

Os dois arquivos que responderam à consulta por e-mail indicaram uma forte tendência de concentração dos pedidos de documentos em temas sobre estrangeiros, imigrantes europeus vindos para o Brasil. O arquivo que não respondeu (Arquivo Público do Estado do Espírito Santo) tinha a estrutura do site voltada para atender a pesquisas sobre o mesmo assunto (seções e páginas sobre isso, busca em base de dados, documentos digitalizados). Dos três entrevistados, dois (Arquivo Nacional e Arquivo Público do Estado do Rio de Janeiro) também apontaram a predominância desse tipo de consulta.

O Arquivo Público do Estado do Paraná atendia a uma média de 45 consultas por mês pela internet, o que representava cerca de 540 consultas por ano. Foram indicados como usuários mais frequentes as pessoas da comunidade interessadas em informações genealógicas. O estado do Paraná tem forte influência estrangeira em sua cultura, pela entrada de corrente imigratória europeia em meados e fim do século XIX, motivo que levou o arquivo estadual a privilegiar no site a consulta a documentos relativos a esse tema.

No Arquivo Público do Estado de Santa Catarina sempre houve consulta por correspondência, mas a consulta pela internet teve início em abril de 2002. Foram indicados como usuários cidadãos, estudantes e aposentados de todo o Brasil e uma minoria do exterior. A grande maioria era dos estados de Santa Catarina, Paraná, São Paulo e Rio Grande do Sul. Os assuntos mais procurados referiam-se a certidões de desembarque de imigrantes italianos, alemães e poloneses, objetivando o pedido de dupla cidadania e a genealogia.

Pôde-se constatar nos dois sites uma grande expressão da consulta sobre documentos de estrangeiros. O Arquivo Público do Estado de Santa Catarina não respondeu a essa questão. O Arquivo Nacional (AN) e o Arquivo Geral da Cidade do Rio de Janeiro (AGCRJ) somavam as consultas independentemente dos meios (correio, internet e fax). Dessa forma, não sabiam informar quantas eram feitas por intermédio do site. O Arquivo Público do Estado do Rio de Janeiro (Aperj) forneceu o número total de 124 consultas feitas por mensagens de correio eletrônico em cinco meses (de outubro de 2004 a fevereiro de 2005). Cabe ressaltar que as duas últimas instituições (AGCRJ e Aperj) não ofereciam o serviço de consulta pela internet em seus sites; apesar disso, recebiam algumas solicitações pelo e-mail da instituição, que era divulgado no site.

Entrevistas nas instituições arquivísticas do Rio de Janeiro

Entre outubro de 2004 e fevereiro de 2005, três entrevistas foram realizadas com os profissionais ligados ao atendimento das consultas nas instituições arquivísticas públicas localizadas na cidade do Rio de Janeiro, nas esferas de atuação federal (AN), estadual (Aperj) e municipal (AGCRJ). A escolha se deu não apenas pela localização geográfica, mas também em razão de serem instituições relevantes, cada uma em sua área de competência.

As perguntas foram formuladas no sentido de identificar como era realizada a pesquisa pela internet, por quem ela era feita e quais os assuntos mais procurados (Anexo B). Não houve facilidade na obtenção das respostas, uma vez que duas instituições (Aperj e AGCRJ) não ofereciam no site a opção de consulta pela internet, e duas (AN e AGCRJ) não tinham estatísticas específicas em relação à rede, pois unificavam todas as formas de respostas por correspondência.

Arquivo Nacional (AN)

No AN, a entrevista foi realizada com um funcionário formado em ciências sociais, com 24 anos de trabalho na instituição, sendo que cerca de 10 em atendimento aos usuários.

O AN não atendia a consultas por correspondência (carta e/ou e-mail) para usuários residentes na cidade do Rio de Janeiro e não realizava pesquisa:

> *Na verdade, o que a gente fornece são informações e documentos que possam ser recuperados facilmente através dos instrumentos de pesquisa. Não se faz levantamento, por exemplo: "Eu quero saber tudo que você tem sobre escravidão", "tudo que você tem sobre comunismo". Então, o que eu posso oferecer é isso. Eu posso lhe dar o acesso por meio de uma busca no meu guia de fundos documentais.*

A consulta na internet passou a ser feita a partir de 2000. São exemplos de atendimento: setembro de 2004, 906 respostas (somando todos os meios de consulta a distância). No site constava um formulário próprio a ser preenchido para proceder à consulta. Em 2004: atendimento total da Coordenação de Atendimento a Distância (Coadi), 10 mil atendimentos; atendimento total na sala de consulta, 17 mil atendimentos.

> *Eu diria que, se você imaginar, no ano passado, por exemplo, eu posso lhe dar um dado, a gente atendeu a 10 mil pessoas, aqui. A sala de consulta deve ter atendido a 17 mil no total. Evidentemente diminuiu, foram 10 mil pessoas que não foram à sala de consulta, até porque a gente não ia dar conta, o espaço físico não suportaria. Claro que muitos receberam uma resposta não muito condizente com a expectativa deles, mas houve uma grande contribuição para a sala de consulta física, para o atendimento presencial. Esse [atendimento] a distância de certa maneira reduz o presencial. Se você ponderar que, se lá houve 17 mil atendimentos, e aqui, 10 mil atendimentos, todos somados são 27 mil atendimentos – explodiria a sala de consulta. Esta conversa no virtual sem dúvida nenhuma diminuiu também o fluxo de cartas, o fluxo de fax. A maioria é [pela] internet.*

QUADRO 17. SOLICITAÇÕES RESPONDIDAS E EXPEDIDAS NO MÊS DE SETEMBRO DE 2004

Cartas expedidas (ofício, carta postal e mensagem eletrônica)	413
Respostas imediatas por e-mail	430
Pesquisadores autônomos	63
Total	906

QUADRO 18. SOLICITAÇÕES RECEBIDAS E AVALIADAS QUE SERÃO PESQUISADAS NO MÊS DE SETEMBRO DE 2004

Assunto	Quantidade
Desembarque – Santos	20
Desembarque – Rio de Janeiro	103
Desembarque – outros portos	0
Naturalização	121
Prontuários	67
Prontuários – SP/capital	06
Prontuários – SP/interior	14
Acadêmico	52
Entrada e permanência de estrangeiro no período 1777-1842	20
Total	403

Arquivo Público do Estado do Rio de Janeiro (Aperj)

No Aperj, a entrevista foi realizada com uma funcionária, com mestrado em história pela UFRJ, que trabalhava na instituição e no atendimento aos usuários havia sete anos, sendo diretora da Divisão de Pesquisa e Informação; e com um funcionário, bibliotecário, que trabalhava na instituição, sempre no atendimento aos usuários, havia cinco anos.

O site tem até um número de procuras razoável. Eu não poderia te dizer quanto tem agora, o setor de informática não tem esse controle. [...] um site que é extremamente desatualizado. Foi criado em 2000. E até hoje não foi atualizado... Você vai ver lá, inclusive, o nome do diretor, ainda é [o de] três ou quatro diretoras, de antes, [diferente] do que é atualmente. Foi implementado pelo Proderj [Centro de Tecnologia da Informação e Comunicação do Estado do Rio de Janeiro], que é um órgão do estado. A gente inclusive não tinha acesso, por isso não atualizava, porque era tudo feito pelo Proderj. Há pouco tempo o Proderj liberou uma senha para nós atualizarmos o site, mas isso ainda não foi feito.

Alguns usuários que fazem consultas por e-mail mencionavam ter visto informações disponíveis no site e solicitavam outras correlatas ou detalhamentos. Os e-mails eram respondidos todos os dias pelo responsável, mas não eram conservados. Apenas construíam-se as estatísticas relacionadas ao número de consultas realizadas por esse meio. De outubro de 2004 até fevereiro de 2005 foram 124 e-mails respondidos.

Arquivo Geral da Cidade do Rio de Janeiro (AGCRJ)

No AGCRJ a entrevista foi realizada com uma funcionária, formada em museologia e administração, com especialização, mestrado e doutorado em ciência da informação, que trabalhava havia 30 anos na instituição, com mais de 25 anos no atendimento aos usuários.

A instituição recebia perguntas pelo e-mail do arquivo, por intermédio das ouvidorias de diferentes secretarias municipais e do Arquivo Nacional. As perguntas sobre arquivos municipais enviadas ao AN costumavam ser encaminhadas para o AGCRJ, no caso, por exemplo, de tabela de temporalidade, avaliação de documentos, legislação no âmbito municipal.

Havia algo em torno de 300 pedidos/ano, incluindo todos os tipos (correio, e-mail, fax), mas eles já haviam atingido 750/ano, 150/mês, dependendo dos acontecimentos da época – eventos nacionais ou locais, centenário de bairros, de personalidades etc. O arquivo respondia pelo mesmo meio da consulta (correio, internet, fax).

Quem é o usuário?

Como já se mencionou, é muito difícil definir o usuário de um arquivo público, o que dificulta a atuação da instituição arquivística. Todos os procedimentos técnicos devem ser muito abrangentes, com o intuito de não excluir ou privilegiar nenhum deles. É verdade que são necessárias mais informações sobre os usuários que frequentam os arquivos pela internet, mas também é preciso saber mais a respeito dos que frequentam as salas de consulta tradicionais das instituições – que já apresentavam uma falha nesse sentido, antes mesmo da existência da internet.

> *A gente não tem ideia de quem seriam os usuários.* [Aperj]

> *Os usuários são, de maneira geral, cidadãos, estudantes, professores, empresas de divulgação etc.* [AN]

> *Você tem desde o jornalista, passando pelo estudante de 1º grau, estudante de 2º [grau], graduado, pós-graduado, até curiosos em busca de história de famílias. Esses, a gente tem até muitos, uma quantidade imensa, para saber se a gente tem certidão de nascimento ou de casamento de imigrantes, para [solicitar] dupla nacionalidade, ou história de família mesmo, [isso] tem sido um fluxo constante, esses a gente recebe mais por e-mail, mas ainda assim aparecem cartas. Nosso grande público hoje é o cidadão do Rio de Janeiro, mais que pesquisador propriamente. Tem mais gente procurando comprovação de direitos aqui no arquivo do que fazendo pesquisa, porque pesquisa implica financiamento. Se os órgãos de financiamento não disponibilizarem recursos, então você não vai ter pesquisador em arquivo nenhum, não só neste como nos outros.* [AGCRJ]

Assuntos pesquisados

É evidente a grande procura aos arquivos de usuários que buscam comprovação de descendência europeia. Trata-se de uma demanda da sociedade e talvez um caminho para modificar a visão do público, por meio de um anseio seu, uma maneira de aproximação. No Arquivo Público do Estado do Rio de Janeiro:

> [São] *Assuntos muito variados, não dá pra fazer um perfil assim, e não é recuperada essa informação na estatística mensal, mas há muita pesquisa sobre imigração, que é questão de cidadania e tal. Sobre isso eu sei que nós temos bastante estudantes também, alguns estudantes de 2º grau, com temas, assim, mais gerais, que aí a gente dá uma indicação... Na verdade, pouca coisa se refere exatamente ao que a gente tem, porque eu acho que exatamente eles veem no site alguma coisa que tem a ver com o que eles estão querendo; e aí nos perguntam algum outro detalhe que, geralmente, nós não temos. Muita consulta também. Por exemplo, de* Diário Oficial, *[esse] é um tipo de consulta recorrente.*

> *Cidadania! Imigração, perguntando nome e sobrenome da família, porque tem interesse de fazer uma árvore genealógica, ou um processo de cidadania também. Basicamente, é isso! Outras coisas, é muito raro, como eu recebi um hoje, perguntando se a gente tinha duas revistas aqui... Eu verifiquei no nosso acervo, vi que não tinha e respondi. Quando a gente pode ou sabe, a gente encaminha para outra instituição. É assim que funciona, mas a gente pode colocar que 90% é imigração.*

No Arquivo Nacional, os assuntos dividiam-se basicamente em dois tipos: consultas a documentos de caráter probatório – comprovação de direitos de cidadania; e não probatório, para uso acadêmico, teses, genealogia.

> *O probatório é muito maior. O volume de solicitações é muito maior. O que não quer dizer que seja mais demorada do que a outra, [em termos d]o tempo gasto. Mas é muito mais volumoso, sem dúvida nenhuma. Você tem percentuais bastante grandes da pesquisa probatória.*

No Arquivo Geral da Cidade do Rio de Janeiro:

> *As perguntas são as mais variadas: desde se a gente tem a nota fiscal de compra da saracura que está no chafariz da praça General Osório até quem faz as tabelas de temporalidade que a gente tem, se nós temos documentos, por exemplo, da escravidão, documentos de car-*

tório, escritura de um determinado imóvel na cidade. Então, os tipos de assuntos são os mais variados possíveis, histórias de bairros, símbolos da cidade, sobre tabela de temporalidade, se a gente tem, se faz avaliação de documentos, se existem cursos na área de arquivo etc.

É evidente que a pesquisa acadêmica, nesses arquivos, é minoritária em termos quantitativos, porém demanda tempo maior. Esse tipo de usuário passa mais tempo nas salas de consultas dos arquivos, com pesquisas mais demoradas para atendimento pela internet.

Outros aspectos

A importância da interação com o usuário e a impossibilidade de isso se efetivar no acesso pela internet foi destacada na fala da entrevistada do Arquivo Geral da Cidade do Rio de Janeiro. A possibilidade de eliminação da intermediação do profissional da informação no processo de consulta ao arquivo era encarada com preocupação. Porém, a agilidade da internet ainda permite que essa atividade se processe em grau maior do que a consulta por correio.

A ideia é que ele tenha a resposta assim que a pergunta é feita: "Eu estou precisando de uma escritura"; mas, nesse caso, qual é seu problema? "Meu problema é esse." Então, se eu não achar a escritura, neste outro documento você tem uma série de informações que você pode obter e vai resolver seu problema também. Se você chegar e só pedir a escritura, eventualmente vou falar: "Não tenho! Não é aqui, é em outro lugar!" Se a pessoa explicar qual é, formular o problema, às vezes a gente pode resolver. Então, da formulação do problema até a localização do documento, esse espaço de tempo transforma o usuário no futuro lutador a favor dos arquivos ou num inimigo profundo para o resto da vida. A internet não permite isso, e esse eu acho [este] um dos problemas. Qualquer sistema eletrônico que se some à presença das pessoas, a essa conversação prévia... Eu não posso fazer numa resposta via computador, ou via carta, também feita do mesmo jeito, despida de qualquer tipo de interlocução. Pessoalmente, você diz: "Olhe, aqui tem isso também!", "Ah! Eu gostaria de olhar isso também". E se eu tiver uma resposta já fechada, não tem nem chance de abrir seu olhar sobre minha resposta, você não sabe o que mais tinha, que eu omiti, ou que eu deixei de inserir na pergunta. E o que se recomenda, pelo menos dentro da prefeitura, é que você forneça respostas pequenas, curtas e rápidas, que você não trabalhe com textos pesados. [AGCRJ]

Porque os instrumentos não são suficientemente verticalizados para você chegar à informação precisa que a pessoa quer. Alguns até têm, outros são muito gerais. Então você está sempre à mercê do que o instrumento oferece. Em certa medida, o pesquisador que vem ao Arquivo Nacional, não estou falando do usuário de comprovação, mas o usuário acadêmico, ele tem acesso aos instrumentos de pesquisa, e lá dentro desenvolve o que ele quer percorrer. Se o instrumento oferece maior possibilidade, a gente oferece para a pessoa. Se o instrumento não oferece possibilidade, a gente diz pra ele que na verdade não é possível fazer a verificação tão ampla como ele deseja. A pesquisa é um pouco isso. A gente passa a ser o pesquisador interno para o usuário externo. Com restrições. Porque o usuário que vem ao Arquivo Nacional, ele aprofunda até onde ele quer ir. Nós não fazemos isso, não tem como... Porque ele está vendo uma coisa para ele. O objeto do trabalho dele. Nós, não... A gente atende todo mundo, um universo muito maior... Não daria para fazer isso, atender muito precisamente um e deixar de lado outro, até porque não tem pessoas para isso. E não há nada informatizado tão brilhantemente que possua... As bases de dados perfeitas. [AN]

Disponibilizar informações, instrumentos de pesquisa ou até os documentos na internet exige recursos não só financeiros, mas também humanos, e isso nem sempre é priorizado:

A gente tem muita dificuldade de usar o site, até como recurso mesmo de maior divulgação do acervo, de maior divulgação dos trabalhos que a gente faz aqui, das pesquisas que são feitas pelos próprios pesquisadores da instituição, né? E é uma coisa que a gente tem muita vontade de fazer, que a gente pretende fazer, porque a utilização da internet é muito barata, é um recurso que você pode usar de uma forma muito... Sem muito problema. Mas a gente tem ainda certas dificuldades, até institucionais mesmo, de pessoal, de quem vai ser deslocado para esse tipo de trabalho. Então acaba ficando um projeto não tão prioritário assim, entendeu? [Aperj]

Quanto menor o recurso, mais tempo a gente vai levar para disponibilizar isso. Então, a tendência nossa é ter um serviço proporcional ao recurso, e é péssimo. Se eu não tiver dinheiro para pagar digitador, eu não tenho como alimentar as bases que eu tenho aí... Eu tenho informação, ela está toda aí, em fichários, fichinhas, listagens, inventários e tal... Mas eu não posso colocar dentro da base, porque eu não tenho digitador para fazer isso. Até colocar todos os instrumentos, a não ser que haja um investimento maciço de recursos a médio prazo, eu não tenho nenhuma possibilidade de oferecer mais do que a gente oferece hoje. [AGCRJ]

Se a gente tivesse outro tipo de visão sobre instituição de arquivo, que ela quanto mais deficitária for, menos ajuda ela vai prestar para quem precisa. [AGCRJ]

A questão da exclusão digital e das diferenças também foi abordada:

Ela também exige que o receptor tenha determinadas condições de leitura, e às vezes [ele] não tem. Ele tem uma internet que é capenga, que não abre imagem, um daqueles primeiros computadores que leva 332 anos, a linha dele é por telefone, não é linha a cabo. Então, o pobre coitado vai ficar na expectativa de receber alguma coisa, e eu estou mandando para ele, e ele não vai conseguir ver até o fim. Quer dizer, eu não consigo concluir o processo de entrega da informação porque o outro lado não está no mesmo nível tecnológico que eu. Então, ele tem que ter lá um determinado tipo de software, um determinado tipo de leitor, visor, sei lá o quê, visualizador de alguma coisa que, qualquer coisa que eu mandar, vai sair aquele quadradinho branquinho. E aí? Então, o desnível tecnológico para responder a determinado tipo de público vai ter segmentação, sim. Este não recebe, este aqui não recebe, daqui para cima é assim. [AGCRJ]

O usuário de internet, independentemente de ser acadêmico ou não, ele não sabe utilizar internet. Ele pensa que é alfabetizado, mas é um analfabeto ainda. Isso não quer dizer que seja um analfabeto funcional, não, mesmo acadêmico, ele não sabe perguntar, porque ele não tem uma visão do que é arquivo, aliás, ele confunde com biblioteca, onde você tem este dado muito bem-estabelecido. O documento é outra coisa, e eles misturam. Acho que é uma maneira de não saber se expressar, não saber como você está dirigindo a sua pesquisa. [...] Aí você vê o sentido de biblioteca na cabeça das pessoas, você pode pedir um livro intitulado Comunismo, *vai ter o histórico, teorias, tudo. O documento não é assim, a maneira como o usuário pergunta é dirigida à biblioteca e não ao arquivo. Não existe este entendimento de uma maneira geral. Eu acho que essa é uma das dificuldades da relação com o público. No probatório, por exemplo, [o usuário fala:] "Eu quero tudo sobre meu bisavô". [Esta] também é uma falta de entendimento de que [só pelo] fato de eu estar usando a internet, a instituição já [estaria] totalmente preparada para botar o nome do seu avô e você receber todas as informações dele, como se houvesse o controle absoluto. É outra maneira de você saber como perguntar. Porque não é assim, a instituição não está organizada assim, tão nominal. Então, é lógico que são características do usuário, o usuário não compreende. Isso mais amplamente, porque, mais rasteiramente, as pessoas chegam a perguntar como descobrem um determinado endereço eletrônico ou uma determinada informação. Aí você dá o caminho: "Você entra num buscador e bota a palavra, procura pela palavra-chave". Isso existe e muito.* [AN]

Se a instituição não tem a informação solicitada pelo usuário, há uma preocupação de indicar aonde ele deve ir. Todos os entrevistados tinham essa prática.

Eu tenho muita preocupação em dirigir as pessoas para outros órgãos, para outra instituição. Mas desde que eu tenha certeza que tenha. Por exemplo, eu sei que o Arquivo da Cidade tem um belo acervo fotográfico sobre a cidade do Rio de Janeiro, então eu posso encaminhá-lo para onde ele será mais bem atendido. A Biblioteca Nacional eu sei que tem o acervo maior de periódicos, de jornais, em microformas, então eu tenho obrigação de dirigi-lo para lá. Imagine: quantos lugares tem Getúlio Vargas – A.N., como presidente do Executivo, Fundação Getulio Vargas, CPDOC, tem um acervo fantástico, com um atendimento bastante bom. Tem o Memorial, ali perto do Hotel Glória, tem o Museu da República. Então a pessoa fica sem saber para onde ir. Então eu acho que o órgão primeiro tem a obrigação de fazer esta ligação. Se você só diz "Não tem", você burocratiza o atendimento. Não pode burocratizar nesse sentido. Se eu sei que a memória da esquerda está no Instituto Edgard Leuenroth, em Campinas, eu tenho que dizer para as pessoas. Isso, quem está à frente de um serviço desses, tem que ter esse componente na cabeça. Mesmo que você procure na internet quais são as possibilidades que você pode dar para aquela pessoa, e a gente faz isso. Isso é fundamental. [AN]

Tem um fluxo muito grande de gente que olha o nome Arquivo Geral e vem procurar aqui uma infinidade de coisas que nós não temos... Arquivo do INSS, Arquivo da Junta Comercial, Arquivo de Cartório, Arquivo de Circunscrição de Registro Civil; então você responde coisas que não são exatamente da sua alçada, a gente tem um manualzinho: se você está procurando documentos sobre imigração, onde é que você acha, se você está procurando documentos sobre isso, onde é que você acha... Porque não necessariamente a gente tem as respostas todas, né? Às vezes a gente tem até alguns pacotinhos prontos, história de não sei o quê. Então, você coloca junto, anexa como

> arquivo via e-mail ou bota no correio e, minimamente, dá uma resposta. Vê qual é a biblioteca popular mais próxima, que talvez tenha essa informação, encaminha para a biblioteca o material para que eles possam pesquisar lá. Então você faz uma intermediação para ver se consegue atender, principalmente o pessoal que mora fora do Rio e no subúrbio, pelo custo da passagem, e a gente sabe que não tem dinheiro mesmo. [AGCRJ]

> Sobre isso eu já tenho uma carta-padrão de resposta. Indico todos os possíveis locais que pode encontrar: Arquivo Nacional, Arquivo de São Paulo, Arquivo do Espírito Santo, de Santa Catarina, Paraná (sites), a própria Polícia Federal em Brasília também, eles têm lá um registro de estrangeiros. [Aperj]

O pouco reconhecimento das instituições arquivísticas por parte da sociedade foi lembrado pelos entrevistados e é mencionado sempre também na literatura da área, como se fosse algo antigo e consolidado. Vários motivos são apontados na busca de uma resposta para a razão de ser de tal quadro. Alguns desses motivos apareceram mais de uma vez, e um exemplo significativo era a organização do acervo em fundos.

> Falta ainda o básico para ser resolvido. Quem organiza um arquivo, principalmente o arquivo permanente, organiza para arquivista... Arquivista, historiador não organiza para o cidadão comum. O cidadão comum não consegue achar porque está organizado por estrutura administrativa, ele precisa saber qual é o órgão que produziu o documento para localizá-lo. Quem não está instrumentalizado para isso não consegue. Esse eu acho um problema sério do arquivo. Eles não têm que saber como a gente trata, qual a proveniência, a que fundo pertence, o tratamento técnico que fica escondido do público não interessa, isso é um problema para o arquivo, isso não é um problema para quem está pesquisando. [...] A estrutura de fundos, ela é ingrata para quem é usuário de arquivo, ela não é acessível, ela não é amigável, é uma interface para lá de inimiga. Porque você fala: "Olhe! Todos os fichários estão ali". Ótimo! E daí? Não acho que a gente tem que ser babá de pesquisador, mas eu acho que o cidadão tem direitos, e um deles é esse, de ter informação acessível. Então, hoje, ela existe, está disponível, mas não está acessível, porque o acesso deveria ser imediato. E a gente aqui tem gente de semialfabetizado a doutor. Então você tem uma gama muito variada para poder segmentar isso. Eu tenho documentos às vezes de que o semianalfabeto precisa e o

doutor também. Esse doutor, ele tem condições de ter, minimamente, uma visão melhor sobre as coisas. O outro não tem noção, ele vem aqui uma vez, para procurar um documento, ele não quer saber se está em forma de série, se é fundo, se está em grupo, subgrupo, se tá descrito por item ou não. Ele quer aquilo, ponto! E esse é o grande público nosso aqui, com exceção dos pesquisadores que passam dois, três anos aí fazendo a tese... Muito estrangeiro que tem como objeto o Rio de Janeiro. [AGCRJ]

O distanciamento se dá por alguns motivos:

Primeiro porque as pessoas desconhecem o que é o arquivo. Quando chega a pensar em arquivo, pensa em biblioteca. Esta é a primeira distância. Como eu já falei.
   A segunda distância são as formas de organizar internamente a documentação. Você tem todo um trabalho, de identificação e organização de acervo e nem sempre você toma como um princípio o público usuário dessa documentação. Não estou dizendo que não existe uma preocupação com essa temática, mas nem sempre, pelo menos ao longo da história. Esta ideia do usuário cidadão é muito mais recente, o acesso é muito mais recente, essa discussão. O Brasil só tem 500 anos, tem 160 anos de existência da instituição, mas o acesso, acho que só nos últimos 10 anos, talvez, que há essa preocupação. Foi a partir da ditadura, até porque, antes, não podia nem dar... Determinadas coisas não se davam. Então tem essa distância. Além do quê, o público não sabe como é essa cultura interna, por essa distância. Eu não posso falar em fundo, em proveniência com o usuário, [isso] limita o entendimento do outro, eu não estou inserindo o usuário na instituição se eu uso este discurso. O vocabulário que o usuário usa é muito diferente do nosso.
   Essa dominação, que é a linguagem da ciência, você usa com seus pares, na academia. Mas com o público leigo, eu não posso suportar isso, porque eu não posso suportar do médico, do advogado, eu tenho que entender o discurso, o que ele está falando de mim e da minha família. Da mesma maneira: a minha família está num fundo documental. O que é isso? É um grande problema de afastamento também. A cultura institucional tem que passar bem elaborada para aquele que não faz parte dessa cultura (cultura entendido mais amplamente), com todos os mecanismos, todos os palavrórios adotados internamente. Tem que ser passado para as pessoas de uma maneira mais clara possível, que se aproxime da pessoa. E você, como intermediário entre a pessoa e a instituição, tem que interpretar, para entender o que ele quer. Não é avaliar o discurso dele. Às vezes ele quer

uma informação que não existe, que pode existir ou não. E às vezes ele também tem uma visão distorcida e coloca tudo no mesmo saco: a instituição pública é uma droga, escrevem tudo errado, fazem tudo errado. Até ocorre, mas de uma maneira geral é bem pouco.

Em terceiro lugar, esse é outro distanciamento: o serviço público. Ele traz uma experiência do atendimento dos órgãos, seja da esfera municipal, estadual e federal, ele traz para aqui e acha que, quando se produz alguma coisa que não responde ao que ele deseja, houve uma inoperância ou uma displicência, como em todas as instituições. E a tendência desse tipo de serviço é mostrar que não, é um dado de aproximação. À medida que você responde em um tempo hábil, rápido, fecha o atendimento com uma informação correta, você aproxima as pessoas, você divulga boca a boca. A gente até recebe agradecimentos, e é um texto muito interessante, o espanto pelo atendimento que ele pensava não existir em lugar nenhum, pelo empenho das pessoas, pelos esclarecimentos, muitas vezes mesmo com um não. Existem maneiras de dizer não e não. [AN]

Os entrevistados levantaram questões instigantes, que poderiam inclusive provocar outras investigações. Uma delas correspondia a um ponto divergente entre dois deles:

O usuário de arquivo tem acesso à internet, ele pode pesquisar usando esse meio. [AN]

O que a gente entende é que a maior parte das pessoas não tem internet. Então, a demanda pela internet é bem menor, não tem o impacto das perguntas presenciais ou via correio, fax e telegrama, que ainda são os meios mais usados. O e-mail ainda é o meio secundário de pergunta. [...] Há vários municípios do Rio [de Janeiro], por exemplo, que só se comunicam conosco por carta, eles não têm computador. [AGCRJ]

A situação, de forma geral, não era vista de modo favorável. A internet ainda é pouco explorada como meio de comunicação por parte dos arquivos e usuários (os que já utilizam e os que podem vir a utilizar). Vários são os motivos, mas o principal é a falta de estrutura das instituições em todos os sentidos. As instituições arquivísticas carecem de recursos e de maiores investimentos na área da tecnologia, mas, infelizmente, não apenas nessa área. A necessidade se apresenta em todos os aspectos, sobretudo no tocante ao mais importante, os recursos humanos, e segue por todos os outros campos: instalações físicas, material permanente e de consumo, material específico relacionado à conservação dos acervos, e tantos outros. Por conseguinte, há necessidade também de investimentos em informática, imprescindíveis ao bom aproveitamento da internet como recurso.

Ninguém está preparado para atender ao público pela internet. [AGCRJ]

Eu acho que até é uma falha nossa, mas as coisas ainda caminham muito lentamente aqui, neste setor, nessa área de utilização da informática, na própria utilização do site para divulgação do arquivo. Então, ainda é um recurso de utilização bastante precária aqui no arquivo. (Aperj)

Apesar disso, há planos para o futuro: os entrevistados reconheciam o potencial e demonstravam ter interesse na ampliação e no melhor aproveitamento da internet.

A gente tem inclusive projetos e ideias de disponibilizar, por exemplo, todos os instrumentos de pesquisa nossos no site; de disponibilizar algumas publicações que a gente tem, e que nem puderam ser até hoje publicadas efetivamente; material para publicação que a gente tem e que, por falta de verba, sempre, a gente não consegue publicar. [Aperj]

O serviço pela internet, por meio do site, substitui o usuário. Quando passar a atender o Rio [de Janeiro] e quando tiver mais coisa na internet, os usuários não vão mais precisar vir aqui. Além do mais, a consulta na tela também ajuda na preservação da documentação. [AN]

Os diversos dados coletados fornecem um panorama da situação arquivística brasileira, em sua interface com a internet, na tentativa de chegar a um público mais amplo, atentando, porém, para as limitações que já estavam presentes nas instituições e as novas, as do tempo das redes.

Conclusões

A transferência da informação arquivística é tema pouco evidente na arquivologia, como questão teórica. As abordagens no campo arquivístico enfatizam o acesso aos arquivos, porém nem sempre se inclui o usuário como sujeito do processo. O conceito de acesso arquivístico expressa a possibilidade de consulta aos documentos no que diz respeito às questões legais e intelectuais, tais como a existência de instrumentos de pesquisas.

A transferência da informação não se limita à entrega do que foi pedido pelo usuário, mas é um processo que inclui a comunicação com ele, transmitindo informações que serão incorporadas como conhecimento. Essa transferência tem início quando o solicitante recebe o documento, porém inclui todas as fases, do tratamento à divulgação de seu conteúdo. Um aspecto importante nessa transmissão é seu aproveitamento pelo usuário, ainda que se considere a parcela inerente de incerteza ligada ao uso efetivo da informação transferida.

Os geradores e usuários têm igual importância para a efetivação desse processo. A necessidade de aumentar a integração de produtores e usuários se faz presente no sentido de mudar as abordagens que dão ênfase ao emissor, em detrimento do receptor da informação. Cabe deslocar o foco de tal modo que o receptor da informação tenha mais espaço nesse cenário. A indeterminação do usuário de um arquivo público dificulta muito essa tarefa, já que ele pode ser qualquer pessoa. O conjunto deles é extremamente heterogêneo, e, por esse motivo, nem sempre é fácil atender a suas demandas. A transferência da informação pressupõe a transformação do homem a partir da informação transmitida e incorporada em conhecimento. Esse é um requisito do desenvolvimento humano no plano individual e coletivo.

A ciência da informação, com seu caráter interdisciplinar, tem acolhido as reflexões em torno da informação arquivística e vem contribuindo para seu desenvolvimento. As especificidades da informação contida nos arquivos sugerem, por outro lado, elementos adicionais aos estudos sobre usos e usuários, tema caro à ciência da informação.

A inserção dos acervos arquivísticos na internet implica novos desafios na gestão da informação arquivística, de imediato, ao permitir maior possibilidade de acesso pelos usuários. As instituições arquivísticas têm na internet um recurso de grande potencial para a ampliação dos serviços prestados e, consequentemente, para o aumento da sua atuação e visibilidade institucional e social, assim como para o fortalecimento de seus vínculos com o cidadão.

O site de uma instituição arquivística oferece os serviços já existentes no local – total ou parcialmente –, além de sugerir novas possibilidades às instituições arquivísticas, que vão se somar às já existentes. O site amplia o universo dos usuários, alcança um público muito maior, permitindo que ele faça pesquisas no acervo das instituições arquivísticas de lugares onde jamais esteve. Esse novo espaço informacional exige ações voltadas para atender às demandas produzidas pelos usuários da rede.

A imagem da internet é muitas vezes relacionada à ideia de democracia, de abertura e igualdade, como se o acesso fosse possível a todos – homens e mulheres, velhos e jovens, pobres e ricos –, sem exceção. Na prática, a rede não é tão democrática assim. Tampouco o acesso é indiscriminado, uma vez que vários aspectos são limitadores, como equipamentos, linhas telefônicas, "analfabetismo digital", entre outros fatores que colocam a internet fora do alcance de grande parte da população mundial. No entanto, é indiscutível seu enorme potencial para a difusão da informação, e a possibilidade da democratização do acesso a ela pode minimizar a distância e seus efeitos negativos.

As instituições arquivísticas públicas brasileiras encontram-se numa situação de carência no que se refere a recursos humanos, financeiros, físicos, materiais etc. Isso gera um círculo vicioso. Elas não podem prestar um serviço de qualidade à população, o que implica seu não reconhecimento pela sociedade, dificultando ainda mais a ampliação de seus recursos orçamentários. A situação em que se encontram tende a se refletir em seus sites na internet. Ainda que o meio seja outro, não existe condição de mudar a qualidade do serviço. Se os arquivos não estão organizados, não podem ser disponibilizados na sala de consulta nem na internet. Além de refletirem as limitações estruturais das instituições arquivísticas públicas brasileiras, as características da maior parte dos seus sites na internet parecem expressar a ausência de políticas públicas arquivísticas.

O quadro analisado em 2004 demonstrava claramente que as instituições arquivísticas gerenciavam as tecnologias atuais com parâmetros semelhantes aos utilizados em tecnologias anteriores. Essa tendência pode ser observada na própria evolução da web. No início, a maior parte das informações disponíveis na rede era semelhante aos documentos impressos, textuais. Com o tempo e a adaptação aos novos ambientes, os sites foram se tornando mais complexos. Porém, com poucas exceções, os sites de instituições arquivísticas brasileiras ainda não saíram do estágio inicial.

De modo geral, esses sites ainda têm uma estrutura de documentos em papel. Os guias dos arquivos, catálogos, inventários, instrumentos de pesquisa, de maneira geral, e, em muitos casos, os próprios documentos são digitalizados e disponibilizados em PDF. Cabe ressaltar que, na falta de melhor alternativa, o recurso do PDF é uma solução interessante e correta para disponibilizar instrumentos de recuperação da informação que, por várias razões, não podem ser oferecidos on-line. No entanto, a opção revela que, em muitos casos, as instituições arquivísticas brasileiras ainda não estão se beneficiando das vantagens e dos recursos que a internet oferece.

Na análise de 2009, pôde-se observar certo progresso nesse quadro. Uma das evidências disso foi o maior número de instrumentos de pesquisas em bases de dados, o que indica uma evolução na possibilidade de interação com o usuário. Outro aspecto era a consulta a acervos de imagens em movimento, que não aparecia na primeira etapa da pesquisa e que demonstra melhor apropriação das possibilidades tecnológicas da internet. As mudanças ainda se mostravam discretas, mas demonstram que houve evolução no período estudado.

O grau de visibilidade das instituições arquivísticas aumentou com a veiculação de seus sites. É possível chegar a uma instituição sem que necessariamente se esteja à procura dela. Em certos casos, a pessoa que pesquisa pode nem saber da existência da instituição arquivística, mas, por intermédio de um mecanismo de busca, chega até ela quase por acaso. Assim, esta passa a ser mais uma forma de divulgação das instituições.

Há diferentes níveis de transferência da informação arquivística nos sites das instituições. Os principais eram:

- O site se assemelha a um folder institucional, a exemplo do folder impresso, transposto para o meio digital sem tirar proveito de muitos dos recursos que a internet oferece.
- Os instrumentos de pesquisa das instituições arquivísticas são disponibilizados em seus sites. Isso permite um nível mais avançado de pesquisa. Com frequência, os instrumentos já existentes, anteriores ao site, são transpostos para a internet.
- Os sites permitem uma real interação com os usuários, exibindo, por exemplo, os documentos na tela, dispondo de instrumentos de pesquisa em base de dados etc. Isso possibilita maior flexibilidade da consulta, acesso a documentos de imagem em movimento, sonoros etc.

A possibilidade de interação, uma das características mais fundamentais da internet, legitima os ideais do ciberespaço, que se baseiam na participação dos cidadãos e na prática democrática. Apesar das suas limitações, fica claro que as instituições arquivísticas brasileiras cada vez mais criam seus sites. Esse crescimento é importante e deve ser incentivado, mas o recurso ainda deve melhorar, aumentando a oferta e a qualidade dos serviços prestados pela rede.

A apresentação do site deve possibilitar o uso eficiente e ser visualmente adequada. Os aspectos em relação ao conteúdo e à forma são importantes e complementares. Não é suficiente ter informações relevantes se o acesso é difícil, assim como não basta que o site seja bem-estruturado, com muitos recursos, se as informações deixam a desejar.

Os documentos em meio digital são mais fáceis de atualizar que os impressos e datilografados. As alterações podem ser feitas de maneira praticamente imediata. Isso não significa, no entanto, que os sites estão sendo atualizados com a periodicidade necessária. Em muitos sites de instituições arquivísticas públicas brasileiras nota-se, pela data de atualização, que isso está muito longe do ideal. Estas são vantagens que a internet apresenta e que não têm sido exploradas como poderiam.

Conclusões

A agilidade e a facilidade de alterar e inserir informações acirra a inconstância da internet como espaço informacional. Os sites acessados podem não estar mais disponíveis pouco tempo depois, no todo ou mesmo em parte. Não é isso que se espera de um site de instituição arquivística pública, que, integrando uma instituição governamental, deveria, uma vez na internet, manter-se como mais um canal de comunicação com o público. Mas não é isso que ocorre. Em 2004, em pelo menos um caso (Arquivo Público do Estado do Rio Grande do Norte), após muitas tentativas de voltar a um determinado site, foi confirmada sua desativação; em 2009, havia pelo menos dois casos (Arquivo Histórico da Fundação Pró-Memória de São Carlos e Arquivo Público Estadual de Sergipe). Além desses, houve outros exemplos de falta de êxito na tentativa de acesso aos sites. Em alguns casos, havia a mudança do URL, o que dificultava a localização dos sites procurados.

A internet é um atraente meio de divulgação, oferecendo a possibilidade de ampliar a transferência da informação. Ainda é pouco explorada como meio de comunicação pelos arquivos e seus usuários – especialmente no Brasil –, mas já se consolida quanto a esse aspecto nos mais variados campos. A questão que se impõe é: como incluir, no caso brasileiro, a informação arquivística em tal cenário?

Ainda não existem indicadores que propiciem uma visão mais concreta sobre o uso da informação arquivística no país, em especial da informação disponibilizada nos sites das instituições arquivísticas. Nesse sentido, novas pesquisas aprofundadas sobre diversos aspectos poderão oferecer contribuições efetivas para que essas instituições recorram à internet como verdadeiro instrumento de transferência da informação.

O adequado uso desse meio pode vir a favorecer a instituição arquivística como espaço público de transferência da informação, mesmo levando-se em conta seus problemas e limites. A disponibilização dos acervos arquivísticos na rede redefine os horizontes de acesso à informação, amplia as possibilidades de transferência e, consequentemente, os direitos civis e políticos do cidadão, além de permitir maior efetividade governamental.

Referências bibliográficas

ALMEIDA JÚNIOR, Oswaldo Francisco de. Fontes de informação pública na internet. In: TOMAÉL, Maria Inês; VALENTIM, Maria Lígia Pomim (Orgs.). *A avaliação de fontes de informação na internet*. Londrina: Eduel, 2004. p.135-155.

AMARAL, Márcio Tavares d' (Org.). *Contemporaneidade e novas tecnologias*. Rio de Janeiro: Sette Letras, 1996.

ARAÚJO, Vânia M. R. Hermes de; FREIRE, Isa Maria. A rede internet como canal de comunicação, na perspectiva da ciência da informação. *Transinformação*, Campinas, v. 8, n. 2, p.45-55, maio/ago 1996.

AUGÉ, Marc. *Os não lugares*: introdução a uma antropologia da supermodernidade. São Paulo: Papirus, 1994.

ARQUIVO NACIONAL (Brasil). *Dicionário brasileiro de terminologia arquivística*. Rio de Janeiro: Arquivo Nacional, 2005. (Série Publicações Técnicas, n. 51).

BARRETO, Aldo de Albuquerque. *Informação e transferência de tecnologia*: mecanismos de absorção de novas tecnologias. Brasília: Ibict, 1982. p.64.

_____. A questão da informação. *São Paulo em perspectiva*, São Paulo, v. 8, n. 4, p.3-8, out./dez. 1994.

_____. Mudança estrutural no fluxo do conhecimento: a comunicação eletrônica. *Ciência da Informação*. Brasília, v. 27, n. 2, p.122-127, maio/ago. 1998.

_____. Padrões de assimilação da informação: a transferência da informação visando à geração do conhecimento. In: RODRIGUES, Georgete Medleg; LOPES, Ilza Leite (Orgs.). *Organização e representação do conhecimento na perspectiva da ciência da informação*. Brasília: Thesaurus, 2003. p.56-99.

_____. A estrutura do texto e a transferência da informação. *Data Grama Zero*, Rio de Janeiro, v. 6, n. 3, jun. 2005a. Disponível em: <http://www.dgz.org.br>. Acesso em: 23 jun. 2005.

_____. O penúltimo trem já partiu e não embarcamos. *Data Grama Zero*, Rio de Janeiro, v. 6, n. 3, jun. 2005b. Disponível em: <http://www.dgz.org.br>. Acesso em: 23 jun. 2005.

BASTOS, Aurélio W. Arquivos judiciais: a fonte da história dos conflitos. *Acervo*. Rio de Janeiro, v. 3, n. 2, p.55-66, jul./dez. 1988.

BASTOS, Aurélio W. Chaves; ARAÚJO; Rosalina Corrêa de. A legislação e a política de arquivos no Brasil. *Acervo*, Rio de Janeiro, v. 4, n. 2, jul./dez. 1989; v. 5, n. 1, p.19-33, jan./jun. 1990.

BEARMAN, David. Diplomatics, Weberian bureaucracy, and the management of electronics records in Europe and America. *American Archivist.* Chicago, v. 55, p.168-81, Autumn 1992.

BELLESSE, Julia; GAK, Luiz Cleber. Arquivística: a pertença cidadã. *Cenário Arquivístico*, Brasília, v. 3, n. 1, p. 37-43, jan./jun. 2004.

BELLOTTO, Heloísa Liberalli. *Arquivos permanentes*: tratamento documental. São Paulo: T. A. Queiroz, 1991. 198p.

_____. Arquivística humanística: da tecnologia ao humanismo. In: JORNADA ARQUIVÍSTICA DA UNIRIO, 11. *Anais*... Rio de Janeiro, 1997.

BELLOTTO, Heloísa Liberalli; CAMARGO, Ana Maria de Almeida (Orgs.). *Dicionário de terminologia arquivística*. São Paulo: Associação dos Arquivistas Brasileiros, Núcleo Regional de São Paulo, 1996, p.142.

_____. Documento de arquivo e sociedade. *Ciências e Letras*, Porto Alegre, n. 31, p.167-75, jan./jun. 2002.

BRAGA, Gilda Maria. Informação, ciência da informação: breves reflexões em três tempos. *Ciência da Informação*, Brasília, v. 24, n. 1, p.84-88, jan./abr. 1995.

BROOKES, B. B. The foundations of Information Science, part I: Philosophical aspects. *Journal of Information Science*, Londres, n. 2, p.125-133, 1980.

BURKE, Peter. *Uma história social do conhecimento*: de Gutenberg a Diderot. Rio de Janeiro: Jorge Zahar, 2003.

BYRNE, Eddie. *Evaluate Web resources*. Disponível em: <http://www.clubi.ie/webserch/resources/index.htm>. Acesso em: 3 jul. 2003.

CAMARGO, Ana Maria de Almeida. Arquivo, documento e informação: velhos e novos suportes. *Arquivo & Administração*. Rio de Janeiro, v. 15-23, jan./dez., p. 34-40, 1994.

CANAVILHAS, João Messias. *A internet como memória*: Universidade da Beira Interior. [s.l.: s.n., 2003?]. Disponível em: <http://www.bocc.ubi.pt/pag/canavilhas-joao-internet-como-memoria.pdf>. Acesso em: 12 maio 2005.

CARVALHO, Kátia de. Cidadania: direito à informação e à comunicação. *Tempo Brasileiro*, Rio de Janeiro, n. 100, p.103-110, 1990.

CASTELLS, Manuel. *A sociedade em rede*. São Paulo: Paz e Terra, 1999.

_____. Internet e sociedade em rede. In: MORAES, Denis de (Org.). *Por uma outra comunicação*: mídia, mundialização cultural e poder. Rio de Janeiro: Record, 2003. p.255-287.

COOK, Michael. *An introduction to archival automation*: a Ramp study with guidelines. Paris: Unesco, 1986. 45p. (Unesco-86/WS/15 Rev).

CÔRTES, Maria Regina Perschini Armond. *Arquivo público e informação*: acesso à informação nos arquivos públicos estaduais do Brasil. Dissertação (Mestrado em Ciência da Informação) – Escola de Biblioteconomia, Universidade Federal de Minas Gerais, Belo Horizonte, 1996.

COSTA, C. M. L.; FRAIZ, P. M. V. Acesso à informação nos arquivos brasileiros. *Estudos Históricos*, Rio de Janeiro, v. 2, n. 3, p. 63-76, 1989.

CUNHA, Maria Alexandre Viegas Cortez da; REINHARD, Nicolau. Portal de serviços públicos e de informação ao cidadão: estudo de caso no Brasil. ENCONTRO DA ASSOCIAÇÃO NACIONAL DOS PROGRAMAS DE PÓS-GRADUAÇÃO EM ADMINISTRAÇÃO, Anais 25. Campinas, 2001, p. 1-10. Disponível em: <http://www.anpad.org.br/enanpad2001-trabs-apresentados-adi.html>. Acesso em: 15 abr. 2005.

CUNHA, Murilo Bastos. Internet em 15% dos lares brasileiros. Mensagem da lista de discussão [Bib_virtual], recebida em 18 set. 2004a. Disponível em: <http://listas.ibict.br/pipermail/bib_virtual/2004-September/000408.html>. Acesso em: 21 dez. 2004.

_____. Mais dados sobre a internet no Brasil. Mensagem da lista de discussão [Bib_virtual], recebida em 18 set. 2004b. Disponível em: <http://listas.ibict.br/pipermail/bib_virtual/2004-September/000409.html>. Acesso em: 21 dez. 2004.

DIRETRIZES gerais para a construção de websites de instituições arquivísticas. Rio de Janeiro: Conselho Nacional de Arquivos, 2000.

DOLLAR, Charles. O impacto das tecnologias de informação sobre princípios e práticas de arquivos: algumas considerações. *Acervo*. Rio de Janeiro, v. 7, n. 1-2, p.3-38, jan./dez. 1994a.

_____. Tecnologias da informação digitalizada e pesquisa acadêmica nas ciências sociais e humanas: o papel crucial da arquivologia. *Estudos Históricos*, Rio de Janeiro, v. 7, n. 13, p. 65-79, 1994b.

DUCHEIN, Michel. Passado, presente e futuro do Arquivo Nacional do Brasil. *Acervo*, Rio de Janeiro, v. 3, n. 2, p. 99-100, jul./dez. 1988.

_____. The history of European archives and the development of the archival profession in Europe. *The American Archivist*, Chicago, v. 55, p.14-25, Winter 1992.

DURANTI, Luciana. Registros documentais contemporâneos como provas de ação. *Estudos Históricos*, Rio de Janeiro, v. 7, n. 13, p.49-64, 1994.

ENGLE, Michel. *Evaluating web sites:* criteria and tools. Disponível em: <http://www.library.cornell.edu/okuref/research/webeval.html>. Acesso em: 3 jul. 2003.

FAVIER, Jean. *Les archives*. 3 ed. Paris: PUF, 1975.

FERREIRA, Sueli Mara S. P. Introdução às redes eletrônicas de comunicação. *Ciência da Informação*, Brasília, v. 23, n. 2, p.258-63, mai./ago. 1994.

FIGUEIRA, Vera Moreira. A viabilização de arquivos municipais. *Acervo*, Rio de Janeiro, v. 1, n. 2, p. 159-164, jul./dez. 1986.

FIGUEIREDO, Nice Menezes de. O processo de transferência da informação. *Ciência da Informação*. Rio de Janeiro, v.8, n.2, 1979, p.119-38.

FONSECA, Maria Odila Kahl. *Direito à informação*: acesso aos arquivos públicos municipais. Dissertação (Mestrado em Ciência da Informação) Escola de Comunicação, Ibict, Universidade Federal do Rio de Janeiro, Rio de Janeiro, 1996.

_____. Informação, arquivos e instituições arquivísticas. *Arquivo & Administração*, Rio de Janeiro, v. 1, n. 1, p. 33-44, jan./jun. 1998.

_____. *Arquivologia e ciência da informação*. Rio de Janeiro: FGV, 2005.

FRANCO Celina M., BASTOS, Aurélio W. Os arquivos nacionais: estrutura e legislação. *Acervo*, Rio de Janeiro, v. 1, n. 1, p.7-28, jan./jun. 1986.

FUNDAÇÃO Histórica Tavera. Relatório sobre a situação do patrimônio documental do Brasil. In: MESA-REDONDA NACIONAL DE ARQUIVOS, 1999. *Anais...* Rio de Janeiro: Arquivo Nacional, 1999, 43p (*Caderno de textos*).

GIL, Antonio Carlos. *Métodos e técnicas de pesquisa social*. São Paulo: Atlas, 1994. 207p.

GIL GARCÍA, Pilar. Tejiendo archivos: lo que la www pueda hacer por um archivo. In: SEMINÁRIO VIRTUAL DE INFORMACIÓN PARA ARCHIVOS, BIBLIOTECAS Y MUSEOS. Ciudad Real, 2001. 12p. Disponível em: <http://eprints.rclis.org/archive/00002387>. Acesso em: 10 maio 2005.

GLOBO, O. Número de internautas no país cresceu 10%. Rio de Janeiro, 21.ago. 2009. Economia, p. 28.

GOMES, Sandra Lucia Rebel. *Bibliotecas virtuais*: informação e comunicação para a pesquisa científica. Tese (Doutorado em Ciência da Informação) – Ibict, Universidade Federal do Rio de Janeiro, Rio de Janeiro, 2002.

GONZÁLEZ DE GOMEZ, Maria Nélida. O objeto de estudo da ciência da informação: paradoxos e desafios. *Ciência da Informação*, Brasília, DF, v. 19, n. 2, p. 117-122, jul./dez. 1990.

_____. A representação do conhecimento e o conhecimento da representação: algumas questões epistemológicas. *Ciência da Informação*, Brasília, v. 22, n. 3, p. 217-22, set./dez. 1993.

Referências bibliográficas

GONZÁLEZ DE GOMEZ, Maria Nélida. Da política de informação ao papel da informação na política contemporânea. *Revista Internacional de Estudos Políticos*, Rio de Janeiro, v. 1, n. 1, p. 66-93, abr. 1999a.

_____. O caráter seletivo das ações de informação. *Informare*, Rio de Janeiro, v. 5, n. 2, p. 7-30, jul./dez. 1999b.

GUIMARÃES E SILVA, Júnia. *Socialização da informação arquivística*: a viabilidade de enfoque participativo na transferência da informação. Dissertação (Mestrado em Ciência da Informação) – Ibict, Universidade Federal do Rio de Janeiro, Rio de Janeiro, 1996.

HENNING, Patrícia C. Internet@RNP.BR: um novo recurso de acesso à informação. *Ciência da Informação*, Brasília, v. 22, n. 1, p. 61-64, jan./abr. 1993.

HEREDIA HERRERA, Antonia. El disco óptico y los archivos. *Boletim do Arquivo* [do Estado], São Paulo, n. 1, p. 39-42, 1992.

_____. *Archivística general*: teoria y práctica. Sevilla: Diputación Provincial de Sevilla, 1993. 512p.

IBGE. Diretoria de pesquisas, Coordenação de trabalho e Rendimento, Pesquisa nacional por amostra de domicílios. *Síntese de indicadores 2008*. Rio de Janeiro, 2009. 213p. Disponível em: <http://www.ibge.gov.br/home/estatistica/populacao/trabalhoerendimento/pnad2008/sintesepnad2008.pdf>. Acesso em: 19 set. 2009.

JARDIM, José Maria. Do pré-arquivo à gestão de documentos. *Acervo*, Rio de Janeiro, v. 3, n. 2, p. 33-36, jul./dez. 1988.

_____. As novas tecnologias da informação e o futuro dos arquivos. *Estudos Históricos*, Rio de Janeiro, v. 5, n. 10, p.251-260, 1992.

_____. *Sistemas e políticas públicas de arquivos no Brasil*. Niterói: Eduff, 1995.

_____. A produção de conhecimento arquivístico: perspectivas internacionais e o caso brasileiro (1990-1995). *Ciência da Informação*, Brasília, v. 27, n. 3, p. 243-252, set./dez. 1998.

_____. O acesso à informação arquivística no Brasil: problemas de acessibilidade e disseminação. In: MESA-REDONDA NACIONAL DE ARQUIVOS, *Anais...* Rio de Janeiro: Arquivo Nacional, 1999a. 21p (*Cadernos de textos*).

_____. *Transparência e opacidade do Estado no Brasil*: usos e desusos da informação governamental. Niterói: Eduff, 1999b. 239p.

_____. A dimensão virtual dos arquivos na perspectiva das políticas de informação. In: SEMINARIO DE CAPACITACION Y GESTION EN ARCHIVOS Y DOCUMENTACION. *Anales...* Buenos Aires, 2000. 10p.

JARDIM, José Maria. Entre o local e o virtual: os arquivos municipais na internet. In: SIMPÓSIO INTERNACIONAL DE ARQUIVOS MUNICIPAIS. *Anais...* Rio de Janeiro, 2002. 8p.

JARDIM, José Maria; FONSECA, Maria Odila. As relações entre a arquivística e a ciência da informação. *Informare*, Rio de Janeiro, v. 1, n. 1, p .41-50, jan./jun. 1995.

_____. Estudos de usuários em arquivos: em busca de um estado da arte. I SEMINÁRIO INTERNACIONAL DE ARQUIVOS DE TRADIÇÃO IBÉRICA, 1. *Anais...* Rio de Janeiro, Asociación Latinoamericana de Archivos, Arquivo Nacional, Conselho Nacional de Arquivos, 2000. 16p.

JOHNSON, Steven. *Cultura da interface*: como o computador transforma nossa maneira de criar e comunicar. Rio de Janeiro: Jorge Zahar, 2001.

KADUSHIN, Charles. *A short introduction to social networks*: a non-technical elementary primer. 2000. Paper para THE CERPE WORKSHOP.

KECSKEMÉTI, Charles. A modernização do Arquivo Nacional do Brasil. *Acervo*, Rio de Janeiro, v. 3, n. 2, p. 5-9, jul./dez. 1988.

KOTLAS, Carolyn. *Evaluating Web sites for educational uses*: bibliography and checklist. Disponível em: <http://www.unc.edu/cit/guides/irg-49. htm>. Acesso em: 3 jul. 2003.

LATOUR, Bruno. *Jamais fomos modernos*. São Paulo: Editora 34, 1994. 149p.

LE COADIC, Yves François. *A ciência da informação*. Brasília: Briquet de Lemos, 1996.

LE GOFF, Jacques. Documento/Monumento. In: _____. *História e memória*. 4 ed. Campinas: Unicamp, 1996a. p. 535-549.

_____. Memória. In: _____. *História e memória*. 4 ed. Campinas: Unicamp, 1996b. p.423-483.

LÉVY, Pierre. *As tecnologias da inteligência*: o futuro do pensamento na era da informática. São Paulo: Editora 34, 1993. 203p.

_____. *O que é o virtual?*. São Paulo: Editora 34, 1996.

_____. *Cibercultura*. São Paulo: Editora 34, 1999.

_____. Pela ciberdemocracia. In: MORAES, Denis de (Org.). *Por uma outra comunicação*: mídia, mundialização cultural e poder. Rio de Janeiro: Record, 2003. p.367-384.

LODOLINI, Elio. *Archivística*: princípios y problemas. Madrid: Anabad, 1993. (Coleção Manuales).

LOJKINE, Jean. *A revolução informacional*. São Paulo: Cortez. 1995. 316p.

LOPES, Luiz Carlos. O lugar dos arquivos na cultura brasileira. *Ciências e Letras*, Porto Alegre, n. 31, p. 177-186, jan./jun. 2002.

MACHADO, Helena Corrêa. Política municipal de arquivos: considerações sobre um modelo sistêmico para a cidade do Rio de Janeiro. *Acervo*, Rio de Janeiro, v. 2, n. 2, p. 43-54, jul./dez. 1987.

MARINHO JUNIOR, Inaldo Barbosa; GUIMARÃES E SILVA, Júnia. Arquivos e informação: uma parceria promissora. *Arquivo & Administração*, Rio de Janeiro, v. 1, n. 1, p. 15-32, jan./jun. 1998.

MARTÍN-BARBERO, Jesús. Globalização comunicacional e transformação cultural. In: MORAES, Denis de (Org.). *Por uma outra comunicação*: mídia, mundialização cultural e poder. Rio de Janeiro: Record, 2003. p. 57-86.

MATTELART, A. *A invenção da comunicação*. Lisboa: Instituto Piaget, 1996.

_____. *Comunicação-mundo*. Petrópolis: Vozes, 1999.

_____., MATTELART, M. *História das teorias da comunicação*. São Paulo: Loyola, 2000.

McMURDO, George. Evaluating web information and design. *Journal of Information Science*, London, v. 24, n. 3, p. 192-204, 1998.

MINAYO, Maria Cecília de Souza (Org.). *Pesquisa social*: teoria, método e criatividade. 4 ed. Petrópolis: Vozes, 1995.

MONTEIRO, Norma de Góes. O desafio dos arquivos nos estados federalistas. *Acervo*, Rio de Janeiro, v. 1, n. 2, p. 137-157, jul./dez. 1986.

_____. Reflexões sobre o ensino arquivístico no Brasil. *Acervo*, Rio de Janeiro, v. 3, n. 2, p. 79-90, jul./dez. 1988.

MORIN, Edgar. *Ciência com consciência*. Lisboa: Publicações Europa América, 1995.

NEGROPONTE, Nicholas. *A vida digital*. São Paulo: Companhia das Letras, 1995.

NOGUEIRA, Tânia; TERMERO, Maria; LEAL, Renata. Festa brasileira na rede. *Época*, São Paulo, n. 326, p. 96-102, 16 ago. 2004.

NORA, Pierre. Entre memória e história: a problemática dos lugares. *Projeto História*, São Paulo, v. 10, p. 7-28, dez. 1993.

OHIRA, Maria de Lourdes Blatt; CASTRO, Marília Beatriz de; SILVEIRA, Celoi da. *Critérios para a avaliação de conteúdo dos sites dos arquivos públicos estaduais do Brasil*. Florianópolis, 2003. p.20. Disponível em: <http://www.ciberetica.org.br/trabalhos/anais/65-100-p1-100.pdf>. Acesso em: 17 maio 2005.

_____.; MARTINEZ, Priscilla Amorim. Acessibilidade aos documentos nos arquivos públicos municipais do Estado de Santa Catarina – Brasil. In: I CONGRESSO INTERNACIONAL DE ARQUIVOS, BIBLIOTECAS, CENTROS DE DOCUMENTAÇÃO E MUSEUS. 1. *Anais...* São Paulo: Imprensa Oficial do Estado, 2002. p. 335-358, (*Textos do Integrar*).

OLIVEIRA, Daíse Apparecida. Os arquivos públicos e privados: estratégias para a institucionalização de arquivos municipais. MESA-REDONDA NACIONAL DE ARQUIVOS. *Anais...* Rio de Janeiro: Arquivo Nacional, 1999. 22p, (*Caderno de textos*).

OLIVEIRA, Vitória Peres. Uma informação tácita. *Data Grama Zero*, Rio de Janeiro, v. 6, n. 3, jun. 2005. Disponível em: <http://www.dgz.org.br>. Acesso em: 23 jun. 2005.

ORTEGO DE LORENZO-CÁCERES, Maria del Pilar; BONAL ZAZO, José Luis. Archivos en línea: formatos de difusión de información archivística en internet. In: JORNADAS ESPAÑOLAS DE DOCUMENTACION, 6, 1998. *Anales...* 18p. Disponível em: <http://fesabid98.florida-uni.es/Comunicaciones/j_bonal/j_bonal.htm>. Acesso em: 30 mar. 2004.

PARENTE, André (Org.). *Imagem máquina*: a era das tecnologias do virtual. Rio de Janeiro: Editora 34, 1993. 300p.

_____. *O virtual e o hipertextual*. Rio de Janeiro: Pazulin, 1999.

PINHEIRO, Lena Vania Ribeiro. *Ciência da informação entre sombra e luz*: domínio epistemológico e campo interdisciplinar. Tese (Doutorado em Comunicação e Cultura) – Escola de Comunicação, Universidade Federal do Rio de Janeiro, Rio de Janeiro, 1997.

_____. Campo interdisciplinar da ciência da informação: fronteiras remotas e recentes. In: _____ (Org.). *Ciência da informação, ciências sociais e interdisciplinaridade*. Brasília, Rio de Janeiro: Ibict/Dep/DDI, 1999. p.155-182.

_____. Comunidades científicas e infraestrutura tecnológica no Brasil para uso de recursos eletrônicos de comunicação e informação na pesquisa. *Ciência da Informação*, Brasília, v. 32, n. 3, p. 62-73, set./dez. 2003.

_____. LOUREIRO, José Mauro Matheus. Traçados e limites da ciência da informação. *Ciência da Informação*, Brasília, v. 24, n. 1, p. 42-53, jan./abril, 1995.

POLLAK, Michael. Memória e identidade social. *Estudos Históricos*, Rio de Janeiro, v. 5, n. 10, p. 200-12, 1992.

POMIAN, K. Coleção. *Memória e História*. Lisboa: Imprensa Nacional, Casa da Moeda, 1984. p. 51-86. (Enciclopédia Einaudi, 1).

POSNER, Ernest. *Alguns aspectos do desenvolvimento arquivístico a partir da Revolução Francesa*. Rio de Janeiro: Arquivo Nacional, 1959. 22p.

RODRIGUES, Georgete Medleg. A representação da informação em arquivística: uma abordagem a partir da perspectiva da norma internacional de descrição arquivística. In: RODRIGUES, Georgete Medleg; LOPES, Ilza Leite (Orgs.). *Organização e representação do conhecimento na perspectiva da ciência da informação*: estudos avançados em ciência da informação, v. 2, Brasília: Thesaurus, 2003. p. 210-229.

RODRIGUES, José Honório. *A situação do Arquivo Nacional*. Rio de Janeiro: Arquivo Nacional, 1959.

RONDINELLI, Rosely Curi. *Gerenciamento arquivístico de documentos eletrônicos*: uma abordagem teórica da diplomática arquivística contemporânea. Rio de Janeiro: FGV, 2002. 160p.

ROPER, Michael. A utilização acadêmica dos arquivos. *Acervo*. Rio de Janeiro, v. 4, n. 2, jul./dez. 1989; v. 5, n. 1, p. 91-115, jan./jun. 1990.

SANTOS, Vanderlei Batista dos. *Gestão de documentos eletrônicos*: uma visão arquivística. Brasília: Anarq, 2002. 140p.

_____. Arquivos institucionais como unidade de informação: uma questão de marketing?. *Cenário Arquivístico*, Brasília, v. 2, n. 2, p. 33-47, jul./dez. 2003.

SCHELLENBERG, Theodore Roosevelt. *Problemas arquivísticos do governo brasileiro*: relatório apresentado ao diretor do Arquivo Nacional. Rio de Janeiro: Arquivo Nacional, 1960. (Publicações técnicas).

_____. *Arquivos modernos*: princípios e técnicas. Rio de Janeiro: FGV, 1974. 345p.

_____. *Documentos públicos e privados*: arranjo e descrição. Rio de Janeiro: FGV, 1980. 396p.

SCHEPS, Ruth (Org.). *O império das técnicas*. Campinas: Papirus, 1996. 230p.

SERRES, Michel. *A comunicação*. Porto: Rés, s.d.

_____. *Atlas*. Lisboa: Instituto Piaget, 1994.

SILVA, Armando B. Malheiro da. *Arquivística*: teoria e prática de uma ciência da informação. Porto: Afrontamento, 1999.

SILVA, Jaime Antunes. Por uma política nacional de arquivos. In: MESA-REDONDA NACIONAL DE ARQUIVOS. *Anais...* Rio de Janeiro: Arquivo Nacional, 1999. 13p (*Caderno de textos*).

SILVA, Terezinha Elisabeth da; TOMAÉL, Maria Inês. Fontes de informação na internet: a literatura em evidência. In: TOMAÉL, Maria Inês; VALENTIM, Maria Lígia Pomim (Orgs.). *A avaliação de fontes de informação na internet*. Londrina: Eduel, 2004. p.1-17.

SOARES, Nilza Teixeira. *As novas funções dos arquivos e dos arquivistas.* São Paulo: Fundap, 1984. p. 40-48. (Cadernos Fundap).

SORJ, Bernardo. *Brasil@povo.com*: a luta contra a desigualdade na sociedade da informação. Rio de Janeiro: Jorge Zahar; Brasília: Unesco, 2003.

TAKAHASHI, Tadao (Org.). *Sociedade da informação no Brasil*: livro verde. Brasília: Ministério da Ciência e Tecnologia, 2000.

TAYLOR, Hugh A. *Los servicios de archivo y el concepto de usuario*: un estudio del Ramp. Paris: Unesco, 1984. 72p. (Unesco, PGI-84/WS/5).

TOMAÉL, Maria Inês et al. Critérios de qualidade para avaliar fontes de informação na internet. In: TOMAÉL, Maria Inês; VALENTIM, Maria Lígia Pomim (Orgs.). *A avaliação de fontes de informação na internet.* Londrina: Eduel, 2004. p. 19-40.

UNIVERSIDADE ESTADUAL PAULISTA JULIO DE MESQUITA FILHO. *Norma técnica para exploração de publicidade nas home pages da Unesp.* São Paulo: Unesp, 2000. Disponível em: <http://www.unesp.br/ai/pdf/nt-ai.02.02.01.pdf>. Acesso em: 7 maio 2005.

VARGAS, Milton (Org.). *História da técnica e da tecnologia no Brasil.* São Paulo: Universidade Estadual Paulista, Centro Estadual de Educação Tecnológica Paula e Souza, 1994. 412p.

VIEIRA, A. S. *Bases para o Brasil na sociedade da informação*: conceitos, fundamentos e universo político da indústria e serviços de conteúdo. Brasília: Ibict, 1998.

VILARDAGA, Vicente. Faltam dados precisos sobre a inclusão digital. *Jornal do Brasil.* Rio de Janeiro, 12 jun. 2005, p. 3. Especial JB: Conferência Regional da América Latina e Caribe sobre Sociedade da Informação.

VIRGINIA TECH UNIVERSITY LIBRARIES. *Bibliography on evaluating Internet resources.* Disponível em: <http://www.lib.vt.edu/research/libinst/evalbiblio.html>. Acesso em: 5 jul. 2003.

VIRILIO, Paul. *O espaço crítico e as perspectivas do tempo real.* Rio de Janeiro: Editora 34, 1993. 119p.

WERSIG, G.; NEVELLING, U. The phenomena of interest to Information Science. *Information Scientist*, v. 9, n. 4, p.127-140, 1975.

WERTHEIM, Margaret. *Uma história do espaço de Dante à internet.* Rio de Janeiro: Jorge Zahar, 2001.

WESTPHALEN, Cecília Maria. Formas de interação entre os arquivos estaduais e outras instituições culturais. *Acervo*. Rio de Janeiro, v. 3, n. 2, p. 99-100, jul./dez. 1988.

WIENER, Norbert. *Cibernética e sociedade*: o uso humano de seres humanos. São Paulo: Cultrix, 1954. 190p.

Anexo A

Formulário

1. Conteúdo

1.1) Aspectos gerais

Informações sobre objetivos do website

Informações sobre a instituição
Histórico
Competências
Estrutura organizacional
Programas de trabalho
Quadros diretores (e-mails e telefones)
Endereço, telefone e formas de acesso

Informações sobre serviços prestados
Via web
Por correspondência
No local

Adequação da linguagem utilizada

Informações sobre a existência de conteúdos do website
Em documentos escritos
Como obtê-los

Informações sobre material protegido por copyright

Informações sobre o responsável pelo conteúdo da página e seu e-mail

Links atualizados relacionados à administração pública na qual se insere a instituição arquivística.

Informações sobre programas, planos, projetos e relatório anual da instituição
Possibilidade de download

Utilização de normas técnicas de citação vigente

1.2) Aspectos arquivísticos

Informações sobre
Acervo
Características gerais
Datas-limite
Quantidade
Tipologia

Instrumentos de pesquisa
   On-line
   On-line em base de dados
   Não disponível on-line
   Outras bases de dados

Estrutura de funcionamento do atendimento ao usuário
   Horário
   Formas

Serviços arquivísticos prestados
   No local
   Por e-mail

Métodos de trabalho arquivístico
   Arranjo e descrição de documentos
   Avaliação e transferência
   Emprego de tecnologias da informação

Legislação arquivística
   Regras gerais de acesso
   Restrições
   Privacidade
   Download
   Modalidades de atendimento
   Tempo previsto de resposta

Outros serviços
   Biblioteca atual sobre temas arquivísticos
   Glossários de termos arquivísticos
   Perguntas e respostas (FAQ) sobre temas arquivísticos
   Links arquivísticos (atualizados)
   Publicações arquivísticas
   Download

2. Desenho e estrutura

Domínio

Mapa do website

Mecanismo de busca do website

Facilidade para usar e localizar informação no site

Data de criação do website

Data da última atualização do website e das respectivas páginas

Mudanças no URL do website

Indicação de responsável pelo website e seu e-mail

Utilização de uma seção do tipo "Novidades"

Precisão gramatical e tipográfica

Legibilidade de gráficos com dados estatísticos e outras imagens

Garantias de segurança no acesso quando da transmissão de dados, especialmente os de caráter sigiloso ou aqueles relativos à privacidade do usuário

Utilização de outro idioma

Utilização de um menu de navegação (*toolbar*) em todo o website

Utilização de pesquisa on-line em dois níveis:
Geral – com poucos campos de preenchimento
Outro – para usuários mais especializados

Utilização de formulários eletrônicos on-line para solicitação de serviço

Salas de *chat*

Utilização, em todas as áreas do website, da opção de voltar para a página anterior e/ou página principal, desvinculada das funções do browser utilizado pelo usuário

Utilização de baixa resolução e pequenas dimensões (*thumbnail images*) com a opção de acesso às imagens ampliadas e com maior resolução

Utilização de download para disponibilizar – de forma compactada – documentos institucionais de grande dimensão (em formatos TXT, RTF ou PDF)

Instruções para facilitar o download: especificações sobre tamanho do arquivo, formato(s)

Opção do website de navegar sem imagens ou animações

Utilização de leiautes de fundo simples

Adequação no uso de *frames* (com alternativa para o não uso desse recurso)

Opção de versão textual no caso de uso de som (entrevistas, discursos etc.)

Adequação dos títulos das páginas, facilitando a compreensão dos conteúdos

Utilização de ilustrações que efetivamente valorizem e auxiliem os objetivos do website

Utilização de recurso gráfico visível na menção do URL dos links citados

Necessidade de software ou hardware específicos

Utilização de anúncios
    Clareza para diferençar anúncios das informações

Forma de responder a questões

3. Aspectos a serem evitados

Páginas HTML com textos longos e uso indiscriminado de imagens

Utilização de frases curtas quando do estabelecimento de links

Expressão do tipo "Clique aqui"

Expressão do tipo "home" ou outras palavras que não façam parte do idioma em que está apresentado o website

Utilização de design que retarde o acesso das páginas principais (textos preliminares, longos, imagens de alta resolução ou desnecessárias)

Utilização de recursos gráficos que impossibilitem a impressão integral dos textos e imagens (coloridas ou monocromáticas)

Páginas em construção

Anexo B

Perguntas das entrevistas e da consulta pelo correio eletrônico

Perguntas (em relação ao período de 2001 a 2003)
1. O arquivo tem informações sobre as consultas realizadas pela internet e por correspondência (estatísticas etc.)?
2. Se tem:
    – quem é o usuário, quem são as pessoas que consultam?
    – que tipo de pesquisa faz, que tipo de informação procura?

Este livro foi impresso pelo
Grupo SmartPrinter